別讓你的粗心害了貓

有害的食物、植物、用品圖鑑

好好守護喵主子，別讓牠誤食或中毒呦

監修

服部 幸

（東京貓咪醫療中心 院長）

瑞昇文化

Prologue

了解哪些東西會
造成貓咪生命危險
好好守護貓主子吧

現代人已經習慣將寵物完全飼養在室內，這也使得貓咪平時生活會和人類一樣，身邊充斥著各式各樣的事物。因為這樣的轉變，將平常沒在吃的東西吃下肚，也就是「誤食」*行為成了貓咪在家中最常發生的重大意外。

有些異物雖然能隨著時間排泄至體外，但更多情況是必須給貓兒上麻藥，透過內視鏡取出，甚至要直接剖腹動刀。貓咪也有可能默默地把不該吃的東西吞下肚，導致主人毫不知情，這類情況可說層出不窮。

對於身形比人類小上許多，代謝機制不太一樣的動物貓而言，很多食物、植物及居家用品是有害的。某些物品所含的成分甚至會使貓咪出現比狗狗更嚴重的中毒症狀，也因為這樣，貓咪誤食或中毒的話會有些特別的徵兆。容易誤食的東西還有可能因為主人生活型態不同而有變化，所以我們必須思考要做哪些因應措施，來配合「貓咪目前的生活模式」。

而本書不僅會介紹貓咪吃了可能會引起腸阻塞、胃腸障礙的居家物，也將提到吃了會害貓咪中毒的食物、飲料、觀葉植物、花、化學製品等，同時穿插國內外所作的調查報告。

萬一真的發生意外，如何冷靜應對，盡速請動物醫院作處置相當重要。當然，最重要的還是讓貓咪遠離各種會造成威脅的事物，防範誤食、中毒意外於未然。

── 各位也要好好保護貓咪，別讓主子遭遇身邊的危險事物呦。

＊也可稱作誤飲、誤嚥，書中會統一稱「誤食」。

Contents

負責監修的服部醫生
與愛貓小皇后

各項索引請參照P156

序章

貓咪的誤食與中毒

千萬別天真以為「我家貓咪只吃飼料」

掌握貓咪的誤食、中毒傾向

對於原本就是單獨狩獵者的貓咪而言，接觸陌生事物時多半會非常謹慎。與群居生活，除了肉也會吃其他東西的雜食性狗兒相比，「什麼東西都咬進嘴裡」的風險或許較低。

然而，這並不代表「貓咪絕對不誤食」，誤食其實也是貓咪動手術或住院相當普遍的原因之一。貓咪可能會出於狩獵本能，啃咬家中物品，適合用來刮肉，佈滿倒刺的舌頭則有可能不小心纏繞異物。總之，貓咪還是有身為貓星人才會遇見的誤食理由。

有些中毒情況特別容易出現在貓咪身上

雖然是海外的案例，但根據統計，美國愛護動物協會（ASPCA）負責營運的動物毒物控制中心（APCC）從2005至2014年的10年期間，接獲了24萬1253通與貓狗中毒有關的諮詢電話。其中14％，也就是3萬3869件發生在貓咪身上，又以誤食人類藥物、植物、動物藥物的情況最為普遍。從結果來看，貓咪的中毒意外或許沒有比狗狗多，但會造成中毒的物品中，有些食物、植物，甚至是保健食品可能會害貓咪出現比狗狗更嚴重的中毒症狀，所以各位千萬別覺得「才不用擔心我家貓咪呢」，而是隨時都要有「正因為是貓咪才要特別小心」的觀念。

誤食意外無論是對貓咪的身體或醫療費用都會帶來極大負擔！

如果貓咪因為誤食異物導致腸道阻塞，或是尖銳物刺穿消化器官，多半必須開刀剖腹處理。剖腹手術不僅會對貓咪身體造成負擔，手術及住院等醫療花費也相當驚人。

▼貓咪手術理由 TOP3

排名	傷病名稱	件數	每次看診費用中間值	每次看診費用平均值
1	牙周病／牙齦炎（包含乳牙殘留因素）	439件	50,598日圓	61,519日圓
2	消化道內異物／誤飲	324件	106,267日圓	125,618日圓
3	其他皮膚腫瘤	122件	66,652日圓	79,938日圓

▼貓咪住院理由 TOP3

排名	傷病名稱	件數	每次平均住院天數	每次看診費用中間值	每次看診費用平均值
1	慢性腎臟病（包含腎衰竭）	1,244件	4.6天	45,873日圓	69,003日圓
2	消化管道內異物／誤食	389件	3.8天	96,487日圓	111,587日圓
3	嘔吐／腹瀉／血便（原因未定）	365件	3.6天	45,559日圓	67,097日圓

資料來源：「アニコム 家庭どうぶつ白書 2019」
對象隻數：100472隻。2017年4月1日～2018年3月31日期間，アニコム損保承保的貓咪保戶（0～12歲，包含公母）中，因各種疾病提出理賠之案件看診費計算結果 ※包含看診、住院、手術

「全家人都要學會收好貓咪容易誤食的物品」

分享者：普亞路（3歲、男生、米克斯）的主人
誤食過緞帶玩具、矽膠製品

我家小普發生過幾次誤食意外，第一次約莫是半歲的時候。當時牠正在玩緞帶形狀的逗貓棒，我則是專心看著電視，結果發現牠竟然在吞緞帶，我趕緊將緞帶拉出，但仍看得見嘴巴深處殘留一些緞帶。那時雖然已經晚上10點多，還是馬上帶去請小普的家庭獸醫看診。醫生讓小普催吐，卻吐不出來。保險起見，在醫生的建議下，我又搭上計程車前往車程單趟要1小時的急救醫療中心。最後是照內視鏡，才順利取出一條打結的緞帶。

發生這樣的意外後，我就很小心繩類物品，不過後來卻發現牠竟然誤食水壺的矽膠環。就在找不到矽膠環的隔天傍晚，小普發出很怪的叫聲後，接著吐出好幾塊解體的矽膠環。和動物醫院討論後，醫生建議先觀察剩下的矽膠環是否有跟著糞便一起排出即可，幸好都有順利排出。後來要晾乾矽膠環的話，都會改放在別的地方，但小普還是有不小心吃過我女兒的矽膠鑰匙圈和項鍊。我也深刻反省，體認到預防貓咪誤食必須「全家總動員」。飼主照理說要能預防貓咪誤食，所以我很自責害小普那麼不舒服。接下來也一定會謹慎小心，避免誤食再次發生。

什麼樣的貓咪、什麼情況下容易發生誤食或中毒意外？

●年輕貓咪較常見

幼貓及年輕貓咪的好奇心會比起警戒心更旺盛，所以特別容易誤食。對於多數第一次養貓的人來說，剛開始學習各種貓咪知識的同時，亦是最容易遭遇意外的階段。甚至有報告指出，植物引起的中毒意外中，貓咪年齡未滿1歲的對象件數就達半數之多*。隨著年齡增加，誤食情況雖有減少趨勢，但仍有些高齡貓會對某樣物品情有獨鍾。各位要觀察愛貓的行為，別把貓咪可能會吃下肚的東西亂擺喲。

* Gary D. Norsworthy (2010) : *The Feline Patient, 4th Edition*

●公貓的發生率似乎比較高

在貓咪尚未進入熟齡階段初期，行為還不算穩定之前，因誤食就醫的公貓數較母貓多（右頁圖1）。這可能是因為公貓有圈定地盤領域的習慣，所以多數的公貓活動範圍較大，好奇心相對旺盛，再加上體格身形較大、食量較大，咬合力道也較強勁的緣故。

●冬天的發生率會比夏天高一些

貓咪的情況雖然不像狗狗那麼明顯，但日本從耶誕節開始就有許多連假，冬季期間貓咪食慾的確會變好，誤食意外也有微增趨勢（右頁圖2）。貓咪可能會不小心吃掉主人準備的大餐、室內擺飾，再加上放假期間人們總會比較放鬆，所以必須更加留意。

圖1 誤食年齡與性別分布

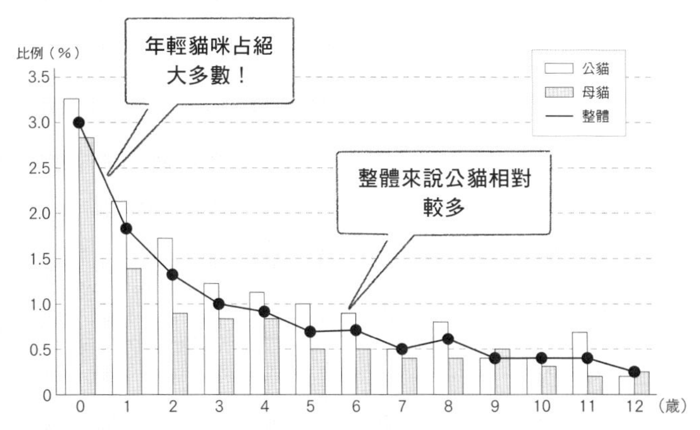

資料來源：アニコム 家庭どうぶつ白書2018年「貓咪誤食申請理賠案件之年齡推移」（2016年開始承保アニコム損保，85717隻0～12歲的貓咪保戶中，申請誤飲理賠的年齡分布數據）

圖2 誤食的季節件數分布

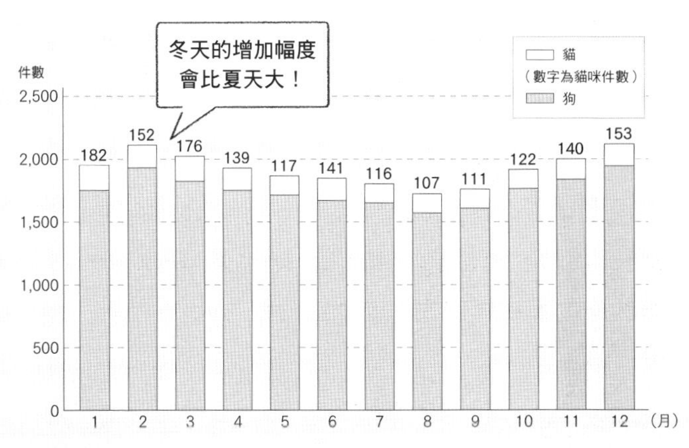

資料來源：アニコム 家庭どうぶつ白書2018年「貓狗誤飲就診件數之逐月推移」（2016年開始承保アニコム損保之貓狗中，22838件因誤飲申請理賠案件每個月份之看診件數）

主人很難親眼目睹貓咪誤食的當下

懷疑貓咪是不是吃了什麼東西的時候，要依情況做不同因應

「根據敝院的看診經驗，如果是貓咪誤食或中毒，飼主基本上都不會目擊當下究竟發生什麼事。有些飼主甚至不認為自己的愛貓會吃飼料以外的東西，當然就不曾懷疑貓咪會誤食了」（服部醫生）。

就算沒有親眼目睹誤食當下，或是不確定貓咪是否真的誤食，貓咪能否得救多半會取決於飼主的反應。冷靜觀察貓咪有無異狀（下述項目），視情況來因應吧。

各情況請參考P14

check!

貓咪誤食後常見的異狀

- ☐ 連續嘔吐或每隔一段時間就會再次嘔吐
- ☐ 想吐卻吐不出東西
- ☐ 食慾不振
- ☐ 感覺貓咪很在意嘴巴，常常開閉嘴巴
- ☐ 流口水（口腔內多半會變得黏稠）
- ☐ 沒精神，捲成一球
- ☐ 身體顫抖

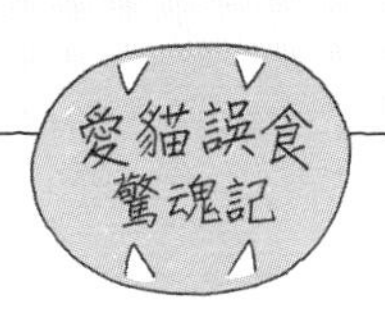

「哪裡可以吞下異物 我沒見過……」

分享者：小煤炭（5歲、女生、米克斯）的主人
誤食巧拼

我家貓主子 —— 小煤炭很喜歡咬袋子這類塑膠用品，感覺有點像是「咬毛織品症」(wool chewing)。雖然小煤炭愛咬這些異物，但也不曾看牠「吞下肚」，所以我就放心地以為，讓牠咬牠就會很滿足。

不過，前幾天我買完東西回家時，發現大約有8處嘔吐過的痕跡。除了1處是吐出飼料，其他幾個都是像胃酸的泡泡，小煤炭看起來也很沒精神。雖然不確定牠是不是吃了什麼東西，還是趕緊帶去常去的動物醫院。

醫生先打針、吊點滴催吐，但小煤炭似乎緊繃到極限整個暴怒，完全沒辦法抽血檢查，只好先回家。隔天醫院休診，我在家也絲毫放不下心。準備再前往醫院的當天，我打掃貓砂盆，發現糞便裡好像有什麼東西……。隔著塑膠袋搓開糞便，竟然看到1×2cm大的藍色碎塊。那是鋪在地板的巧拼。萬萬沒想到小煤炭竟然會吃巧拼……。不過，幸好有跟著糞便一起排出。我房內原本鋪了20塊巧拼，在那之後就全部撤除丟掉。

CASE 1

- 目睹貓咪誤食
- 嘔吐物裡夾雜著異物
- 留有吃剩的異物殘骸
- 懷疑貓咪「可能有吃異物？」

案例

- 貓咪自己在玩的玩具變得破爛不堪
- 丟在垃圾桶或廚房水槽三角廚餘桶的保鮮膜有被咬過的痕跡
- 找不到繩子、針線、髮圈等小東西
- 布製品被撕扯到破爛不堪等

▼

❶ 出現下述任一種情況時

- □（可能）吃下大量或很大、很長的物品
- □（可能）吃下少量，但有毒的物品
- □（可能）吃下尖銳物
- □ 誤食後，貓咪出現異樣（參照P12）

——〉**貓咪身體狀況可能會嚴重變差。**

因應｜先連絡動物醫院，告知情況與症狀，並盡早就醫。就算不知道是什麼東西造成貓咪出現異樣，也要先就醫，不要浪費時間猜想。

❷ 如果沒有上述□的任一種情況，且貓咪有精神、食慾也不錯的話

——〉**異物有可能連同糞便一起排出。**

因應｜保險起見還是要遵照獸醫指示，仔細觀察事後有沒有吐出或排泄出異物。

CASE 2

・雖然沒目睹貓咪誤食，也沒看到誤食的殘骸，
但貓咪出現異樣（參照P12）

▼

———→ **有可能是因為誤食或其他原因導致貓咪不舒服。**

因應	盡早就醫。

CASE 3

・糞便中夾雜異物

▼

❶ 全部排出（或是看起來有排泄乾淨）的話

———→ **應該就不用擔心。**

因應	如果貓咪後來出現異樣，還是要帶去看醫生。

❷ 無法順利排出（或是感覺起來還有部分留在體內）的話

———→ **就有可能真的殘留在體內。**

因應	急迫程度取決於誤食的內容物及分量，持續觀察排便情況，基本上如果1週後還不見異物排出，建議就要前往看診。

＊這裡分享了一般常見的案例，但基本上還是必須根據貓咪吃下肚的異物量、健康狀態做個別判斷。
若平常看診的醫生有交代事項，則須遵守醫生指示。

看診前「不能做的事」

勉強貓咪吐出吃下肚的東西

網路雖然查得到如何幫貓咪催吐，但飼主基本上都不具備能幫貓咪安全催吐的能力。如果有時間讓貓咪吐，還不如快點請獸醫師看診。以下皆屬危險行為，請勿嘗試。

- 用鹽催吐：過去會建議讓貓咪舔鹽催吐，再早期還曾流行過煉乳加鹽餵貓吃的方法。如果這些方法都不能成功催吐，貓咪就會攝取過量的「鈉」，引發高血鈉症。除了會出現口很渴的症狀，嚴重一點甚至會有神經方面的症狀，造成痙攣或陷入昏睡狀態。
- 用雙氧水催吐：會傷及食道與胃部黏膜，甚至造成潰爛。

看診前餵食貓咪

還有一種常見的情況，那就是主人看到愛貓沒食慾很擔心，於是想要「餵貓咪吃點東西」。一旦胃裡頭有食物，當天就無法做內視鏡、X光、超音波等檢查，這可是會耽誤診斷或察覺原因的時機，甚至延誤治療，所以在看診前切勿餵食任何東西。

拉出卡在肛門的異物

如果貓咪誤食繩狀物，異物可能會稍微外露在肛門口。主人或許會想用手指拉住，將異物抽出，但這個動作也可能會拉扯到腸道內壁，導致組織壞死，所以請不要有任何動作，直接前往就醫。若外露的部分太長，貓咪很在意的話，建議稍微剪短。有頭套的話則可戴上，避免貓咪去舔。

看診時「必須做的事」

告訴醫生貓咪「何時」、「吃了什麼」、「吃了多少」

沒有目睹貓咪誤食當下的話，能掌握的資訊雖然有限，但還是要盡量把知道的內容，例如「〇點前都還很有精神」之類的訊息告訴獸醫師。若貓咪是誤食某種產品，則可帶著外包裝前往醫院，對成分及分量的掌握都會有所幫助。尤其是懷疑貓咪中毒時，飼主提供的資訊愈多，醫生才能盡快決定是要投予解毒劑，還是做其他治療。

若有誤食物品的殘骸，也要帶在身上

若有啃咬過的異物殘骸，或嘔吐物中摻雜著誤食的東西，請勿直接碰觸，先戴上橡膠手套，將東西放入塑膠袋中，一同帶往醫院。就算沒有留下殘骸，但只要是懷疑貓咪吃了某樣東西，且家裡還有那樣東西的話，還是可以帶在身上。

如果吐不出來也拉不出來，就只能選擇內視鏡或剖腹手術了

誤食時的 主要診斷與治療

＊根據症狀、嚴重程度及每間動物醫院的處置原則可能會有所不同，請前往常去的醫院並聽取獸醫師的說明。

診斷

● 觸診

若腸道有硬物、體積較大的異物或大量食物塞住的話，從表面觸摸時就會摸到像是組織物的硬塊，貓咪也有可能會因為疼痛不喜歡被摸。

● X光檢查或超音波檢查

X光攝影檢查能夠找到金屬及骨頭類的異物。但貓咪較容易誤食的繩子、線類、橡皮筋、矽膠物品、塑膠袋等塑膠製品、竹籤都具穿透性，所以無法照出是否有上述異物。但最近超音波檢查技術愈來愈厲害，能夠用來找出X光看不見的東西。

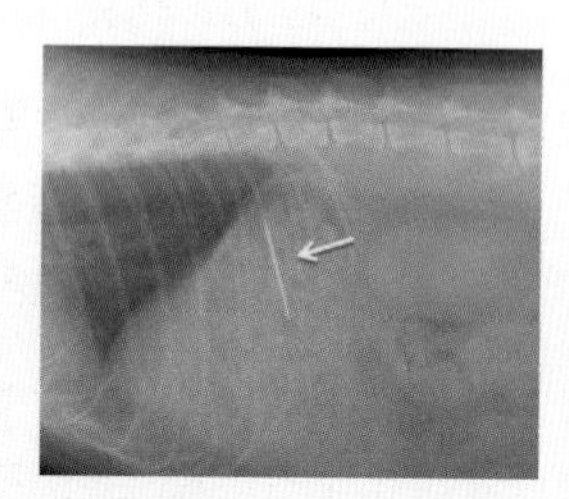

留在胃裡的針，X光攝影能清楚照出金屬物。

治療

● 投予催吐劑幫助貓咪催吐

有時貓咪自己想吐也吐不太出來。若是誤食有毒性的東西，或是留在胃部的異物看起來能夠順暢通過食道的話，就會考慮以點滴或直接打針投予催吐劑。一般來說會使用「氨甲環酸」藥物幫助貓咪催吐。「雙氧水」可能會造成食道及腸胃潰爛，近期已經較為少見。

● 洗胃、投予吸附劑、瀉藥或解毒劑

萬一貓咪不慎吃進有毒性的東西，可透過下述處置方式，排出貓咪體內的毒物。

- 洗胃：在貓咪失去意識或麻醉狀態下，從嘴巴放入導管，接著注入生理食鹽水或溫水清洗胃部，但這種方式效果相對較不顯著。
- 吸附劑：將活性碳（對於絕大多數的毒物皆有效，但對於水果、植物種子所含的氰化物則是無效）與水混合，經鼻胃管投予貓咪體內。
- 瀉藥：若貓咪誤食脂溶性毒物，則會利用嬰兒油成分中的「液態石蠟」，將腸道內容物排泄至體外。有時也會用浣腸液洗淨腸道。
- 解毒劑：針對造成中毒的成分投藥，阻礙身體吸收毒物，達中和效果。

●進行內視鏡手術

在做了X光攝影或超音波檢查，發現異物位於食道或胃部時，可對貓咪全身麻醉，利用內視鏡將異物取出（也可以執行難度較高的十二指腸異物取出手術）。這時會先從嘴巴插入內視鏡，透過影像尋找食道或胃部的異物，接著再以內視鏡前端的夾取鉗將異物夾出。

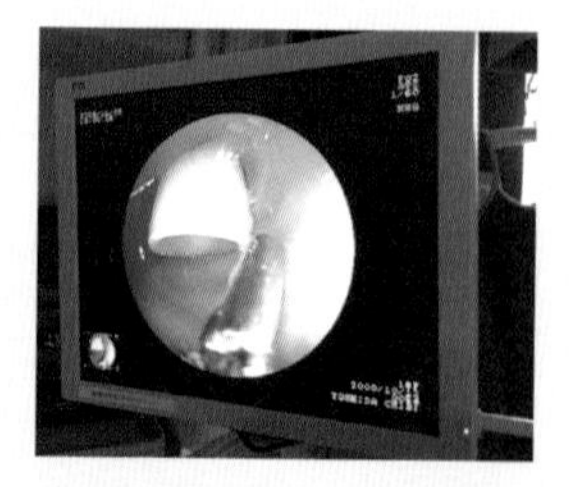

留在胃裡的異物。邊看影像邊將異物取出。

●剖腹手術

若是下述情況，則須動刀進行剖腹手術。尤其是已經出現腸阻塞、線繩類纏繞的話，就必須採取緊急處置。不過，食道手術的難度比腸胃道高，能執行手術的動物醫院應該不多。

- 無法以內視鏡取出異物（或是無法順利取出）
- 異物已到達腸道，卻無法排出體外
- 尖銳物深插入胃腸道無法取出，或有造成穿孔（出現孔洞）情況

寵物因誤食就醫時，
飼主最常說的話TOP 3

我目光不過稍微離開一下	92%
心想「完蛋了」的時候已經來不及了	91%
我平常都很小心這些情況啊	63%

＊截錄自「172位獸醫師這麼說～寵物因誤食就醫時，飼主最常說的話」（アニコムホールディングス2011年調查報告）前幾個項目

1 貓咪吃了會有危險的食物

有些食物或飲料人類吃了完全不會有問題，
但是對貓咪而言，
裡頭所含的成分可能「就算少量也有毒」。
有些貓咪或許對於人類的餐點絲毫不感興趣，
但也有些貓咪是什麼都吃的貪吃鬼。
貓咪無法判斷哪些東西對自己是有毒的，
只能靠主人把關，
讓貓咪遠離這類危險食物。

避免貓咪誤食的基本對策

- 主人要記住哪些食物及飲料的中毒風險高，避免自己在不知道的情況下餵食。
- 食物別亂擺，以免個性貪吃的貓咪偷吃。
- 某些食物的餵食方法及分量如果錯誤，可能會對貓咪造成危害，所以要正確餵食。→P44～

危險指數 說明

書中會將危險指數分成3等級。關乎生命安全，少量也有中毒風險的東西危險指數最高，會判定 。

巧克力

Chocolate

危險指數 ●● ~

黑巧克力為 ●●●

一旦誤食黑巧克力，
就算只是碎屑也會有危險！

巧克力是寵物誤食報告案件中，相當常見的食品。這裡舉美國動物毒物控制中心的報告為例，2019年的誤食諮詢案件中，巧克力就占了10.7%，平均每天至少67件。喜歡甜味和可可香的狗狗較常誤食巧克力，但貓咪吃了也是會中毒的。一旦貓咪誤食，就會變得異常興奮，坐立難安，出現嘔吐、腹瀉症狀。嚴重還可能對神經系統與心臟造成負擔，甚至死亡。

會造成貓咪中毒的主要原因是原料可可裡的「可可鹼」。這種成分可以讓人類情緒高亢、提升注意力，但貓狗的身體不太能自行將可可鹼排出體外。另外，可可所含的「咖啡因（P27）」也會引發中毒。每kg體重攝入20㎎的可可鹼或咖啡就會引起中毒（40～50㎎/kg會引發重症、60㎎/kg則會造成痙攣）*。簡單換算成重量的話參考數值如下，其中又以可可比例含量較高的黑巧克力最危險。

會出現中毒症狀的巧克力攝入量參考值

- 黑巧克力：每kg體重攝入～5g
- 牛奶巧克力：每kg體重攝入10g
- 白巧克力：只要不是大量攝入，原則上不會中毒

最近因為可可多酚熱潮的關係，市面上可以看見許多高可可含量的黑巧克力產品。不過對貓咪而言，就算只吃了一小片也非常危險。貓咪其實吃不出砂糖的甜味，如果真要跟貓主子歡慶情人節的話，就請送牠貓咪專用的禮物吧。

＊資料來源：Sharon Gwaltney-Brant(2001)：*Chocolate intoxication*參考

含咖啡因飲料

Caffeinated Beverages

危險指數 ××　××　××

不只是咖啡和紅茶，
也要注意其他含咖啡因飲料

咖啡或紅茶等飲料所含的「咖啡因」不僅能消除睡意疲勞，提升注意力，達提神效果，也有助提升呼吸和運動功能，甚至具利尿效果。想在工作或讀書多衝刺一下的時候，應該不少人都會選擇飲用這類飲料。

只要適量攝取，咖啡因對人體會帶來正向幫助。不過對於體型比人類小上許多的貓咪而言，攝取咖啡因帶來的效果反而會太過強烈，甚至出現上吐下瀉、過度興奮、悸動、心律不整、顫抖、痙攣等症狀。一般來說，咖啡與紅茶的咖啡因含量偏高，玉露茶的含量則是最多。

各種飲料的咖啡因含量參考值

- 玉露茶：160㎎（以60㎖的60℃熱水浸泡10g茶葉2.5分鐘）
- 咖啡：60㎎（以150㎖熱水浸泡10g咖啡粉）
- 紅茶：30㎎（以360㎖熱水浸泡5g茶葉1.5～4分鐘）
- 煎茶：20㎎（以430㎖熱水浸泡10g茶葉1分鐘）
- 焙茶、烏龍茶：20㎎（以650㎖熱水浸泡15g茶葉30秒）

＊資料來源：「日本食品標準成分表2015年版（七訂）」

除了上述提到的飲料，各種營養添加飲料及可樂（約咖啡的6分之1）也都含有咖啡因。

以貓咪來說，攝入咖啡因的致死量參考值為每kg體重100～200㎎，但只要誤食量達每kg體重20㎎，就有可能出現中毒症狀。若貓咪體重為3～4kg，大約1杯咖啡就可能引發中毒，各位或許會認為貓咪照理來說不會誤飲那麼大量的咖啡，不過如果是體重只有1kg的幼貓，少量的咖啡因也會帶來危險。

酒精飲料

（以及含酒精食品）

Alcoholic Drinks

危險指數

就算少量，
也可能引發急性酒精中毒

酒類包含了啤酒、葡萄酒、日本酒、燒酒、威士忌等，有些人很能喝酒，有些人卻不勝酒力。但是對於比人類嬌小，身體還無法代謝酒精的貓咪而言，當然就必須歸類為「極度不勝酒力」。一旦貓咪誤飲酒類，過不了多久就會引發急性酒精（乙醇）中毒。

每隻貓咪的承受度不同，飲用速度也是影響因素，所以無法直斷怎樣的量才會對貓咪造成危險，有些貓咪可能只喝了一口就有危險。酒精度數愈高，中毒風險也就愈高。

酒精度數（容量％）參考值

- 威士忌：40.0%
- 燒酒（連續蒸餾）：35.0%
- 日本酒（普通酒）：15.4%
- 紅酒：11.6%
- 白酒：11.4%
- 發泡酒：5.3%
- 啤酒（淡啤酒）：4.6%

＊資料來源：「日本食品標準成分表2015年版（七訂）」

貓咪一旦酒精中毒，就可能出現上吐下瀉、呼吸困難、顫抖等症狀。再嚴重的話則會開始昏睡，甚至出現誤嚥、窒息、呼吸抑制而死亡，所以絕對不能有「要不要喝看看啊？」，因為好奇餵貓咪喝酒精飲料的行為。

如果家中貓咪會想要喝人類的飲料，那麼主人目光就不能離開桌上的酒飲。其實不只飲料，還沒烘焙的麵包麵團、加了萊姆酒漬葡萄乾的蛋糕也含酒精成分，這類東西都不能餵貓咪食用。→殺菌消毒用酒精請參照P145～

薔薇科水果種子、未熟的果實

（杏桃、木瓜、枇杷、梅子、桃子、李子、櫻桃等）

Seeds and unripe fruits of the Rosaceae family

危險指數

種子及未熟的果實含有氰化物

譯註：這裡的「木瓜」是指正式學名Pseudocydonia sinensis，俗稱光皮木瓜的果實

餵貓咪吃香蕉、草莓、哈密瓜不會有什麼問題（P43的葡萄和P54部分含中毒物質的蔬果除外），但這類水果含糖量多、熱量也偏高，可以不用刻意餵食。如果家中貓主子愛吃，且吃了不會過敏的話，可以「偶爾」餵食「少量」，作為互動交流管道。但要注意不能餵食杏桃、木瓜、枇杷、梅子、桃子、李子、櫻桃等薔薇科植物的果實種子或未熟的果實。

大顆種子除了可能有毒，也容易阻塞腸道

種子裡含有一種名叫「苦杏仁苷」（Amygdalin）的氰化物，這種物質經腸胃分解後，會形成氫氰酸。一旦大量攝取，就有可能出現暈眩、頭暈等症狀，嚴重甚至會因為呼吸困難、心臟病發作暴斃。這些雖然都不是貓咪很愛的水果，萬一貓咪連同種子誤食較多分量，建議還是要尋求獸醫師的協助。

除了種子，未熟的果實也含有氰化物。如果主人因為想做醃梅子，摘回或購買許多新鮮梅子，但貓咪不小心大量啃咬的話，就有可能引發中毒。這類植物的莖葉也含氰化物，含量會隨著植株枯萎愈趨增加，所以也要注意別讓貓咪誤食櫻桃梗。

梅子的籽可能會引發中毒，但貓咪誤食後導致的腸阻塞反而更加危險。建議和貓咪玩耍時嘴裡別含著梅子籽，掉到地上時要立刻撿起，丟入附蓋的垃圾桶。

洋蔥、蔥類

（包含韭菜、蕗蕎等）

Allium spp.

就算經過加熱，還是去除不了會引發重度貧血的成分

人類吃洋蔥、蔥類完全不會有問題，但這類食物含「有機的硫代硫酸化合物」，貓咪攝取後，血液中的紅血球會形成海因茲小體（Heinz body；氧化的血紅素結塊），可能因此破壞紅血球，另外也有可能出現血溶性貧血、血尿，血色素甚至會破壞腎臟，引發急性腎損傷，最嚴重的情況則是致死。誤食洋蔥、蔥類的貓咪初期會出現上吐下瀉、呼吸困難、食慾不振症狀。大蒜（P37）、韭菜、蕗蕎、紅蔥、細香蔥在分類上同為「蔥屬」（Allium），所以也有引發中毒的可能性。有報告*指出，一旦貓咪每kg體重攝入5g的洋蔥，血液功能就會起變化，對於有機硫代硫酸化合物的受影響程度比狗狗更為劇烈。

*資料來源：R.B. Cope (2005) : *Allium species poisoning in dogs and cats*參考

要注意菜餚中會被忽略掉的蔥類

貓咪其實不太喜歡蔥類的味道，嘗起來也覺得辛辣，所以基本上不會生吃。但如果是加了貓咪愛吃的肉肉，例如漢堡、燉肉、烤蔥肉串、炒蔬菜等料理就要特別留意。蔥類加熱後會變甜，但毒性並不會消失。即便是把料理中的蔥挑掉，或是只讓貓咪喝湯，含有上述成分就會害貓咪中毒。燒肉醬這類食品外觀雖然看不出來，但其實成分中含有洋蔥萃取物。另外，貓咪看見家中盆植的細蔥可能會誤以為是貓草而去啃咬，因此會建議改種在庭院或陽台。

誤食蔥類會過一段時間才看得出中毒症狀，一般來說多半為3～4天後，大量誤食的話則是1天。有些貓咪雖然不會出現任何症狀，但只要貓咪誤食，就一定要前往就醫，請醫生協助解毒。

鮑魚類及海螺內臟（肝）

Entrails of Abalones and Turban Shell

初春的鮑魚肝可能會引起光線過敏症

江戶時代所撰寫的百科全書中有記載，「萬一貓咪吃了鳥蛤的腸子，耳朵就會脫落」*。雖然不確定說法來源是否相同，但其實日本東北地區也有「貓咪如果吃了初春的鮑魚內臟，耳朵就會掉下來」的說法。

這類說法並非迷信，直到今日更成為貓咪不能吃鮑魚類（黑鮑魚、蝦夷鮑、雌貝鮑、小鮑等鮑螺科）內臟的常識。因為鮑魚類生物在2～5月期間會吃下海藻，將葉綠素（chlorophyll）分解成「脫鎂葉綠酸鹽a」（pyropheophorbide a），並儲存在「中腸腺」消化道。脫鎂葉綠酸鹽a是一種會對光線起反應，製造出活性氧的物質，但如果是吃下肚後再照射太陽，反而會使活性氧帶來負面效果，引起皮膚炎，此疾病又稱作「光線過敏症」。貓咪容易照射到陽光，且毛髮較稀疏的耳朵部位就會變得紅腫，甚至出現發癢或疼痛症狀。脫鎂葉綠酸鹽a的毒性雖然沒有鮑魚強烈，但仍然存在於海螺等其他生物中。

＊參考資料：和漢三才圖會 第47卷 介貝類（『和漢三才圖會 中之卷』寺島良安編／中近堂）

其他貝類也可能引發不同的中毒症狀

那麼，其他貝類對貓咪來說是否就沒問題呢？其實不然。一旦常見的蛤蠣或蜆攝取過量，成分中所含的「硫胺酶」（thiaminase，P41）就會造成「維生素B1」不足。加熱雖然能去除毒性，但飼主們無須刻意餵食貓咪這類食物。每種貝類的內臟位置與毒性強度都有所差異，所以飼主不要依自己的判斷餵食會比較保險。

辛香料類

Spices

危險指數 🐱 ～

大蒜、肉豆蔻為 🐱🐱

如果是添加在料理中的調味料將很難察覺

我們會用辛香料增添料理香氣，讓料理帶辣或變得更有風味。辛香料的使用方式多樣，有些是將植物種子或葉子乾燥加工，有些則是將提味蔬菜磨泥，但這其中也包含了貓咪吃下肚後會中毒的辛香料。舉例來說，漢堡肉等肉類料理中會添加肉豆蔻（嚴格來說是肉豆蔻的種子）去腥，一旦貓咪誤食，就可能出現嘔吐、口渴、瞳孔收縮或放大、心跳加快，甚至難以步行或站立等情況*。

此外，辣椒、山葵、黃芥末、胡椒等人們吃了也會覺得刺激的辛香料，或是肉桂等香料也會依分量多寡對腸胃造成不適。

＊資料來源：APCC(2020) : *When Pumpkin Spice is Not So Nice*參考

大蒜和蔥都會引發中毒

其中要特別注意歸類為蔥屬（P32）的大蒜。人類食用大蒜的話，能增進食慾、恢復疲勞，效果非常多。不過，萬一貓咪不小心吃到日式炸雞調味料裡的蒜泥、或是炸雞塊的醃粉，即便只是一小口，都還是有可能出現中毒症狀。有些貓咪甚至很愛這類獨特香氣，特別喜歡吃。若人類要分食自己的食物給貓咪吃，務必先確認成分中是否含大蒜。

「我看診時也曾遇過貓咪吃了幾顆人類的蛋黃大蒜營養劑，結果引發中毒的案例。雖然貓咪頂多就是「看起來沒什麼精神」，不至於出現嚴重症狀，但建議還是別讓貓咪接觸到蒜類成分的營養品」（服部醫生）。

可可

Hot Chocolate

危險指數 🐱～

純可可為 🐱🐱

純可可含有大量可可鹼

到了寒冷季節，需要暖一下身子的時候，大家應該都會想來杯熱可可。材料的可可粉主要原料其實和巧克力一樣都是可可，所以貓咪誤飲的話，就有可能會「可可鹼（P25）」或「咖啡因（P27）」中毒。

以熱水或牛奶沖泡可可後，危險指數雖然沒有巧克力那般高，但每種可可產品所含的可可鹼和咖啡因含量不同，像是純可可的中毒風險會比可可牛奶來得高，務必多加留意。

100g粉末所含可可鹼參考量

純可可：1.7g
可可牛奶（即溶可可粉、調和可可粉）：0.3g

＊資料來源：「日本食品標準成分表2015年版（七訂）」

簡單計算的話，如果沖泡一杯可可使用了5g的純可可粉，那麼當中就含有「可可鹼：85mg（每100g含1.7g）」＋「咖啡因：10mg（每100g含0.2g）」，總含量為95mg。若每kg體重攝入20mg左右就會出現中毒症狀，以體重3kg的貓咪來看，攝入60mg也就是3分之2杯的分量便有危險。

雖然可可牛奶僅含微量咖啡因，但喜愛牛奶味的貓咪可能會喝下加了大量牛奶的飲料，還是要多加留意。

另外，我們也會用可可粉製作餅乾或蛋糕，所以除了要留意飲料，也別忘了食物類呦。

生烏賊、章魚、蝦子、螃蟹

Raw Squid, Octopus, Shrimp, and Crab

危險指數 🐱

乾魷魚為 🐱🐱

加熱過後，會破壞維生素B1的酵素就無法起作用

有些貓咪會想吃擺在餐桌上的生魚片，也有些飼主會分食給家中的貓咪，但請不要直接餵食「生的」烏賊、章魚、蝦子及螃蟹。

這些食材裡頭含有一種名叫「硫胺酶」的酵素，攝取過量會導致「維生素B1」不足，出現食慾變差、嘔吐、體重下降等情況，嚴重的話還可能走路不穩，或是出現神經方面的症狀。貓咪要攝取大量維生素B1才能健健康康，所以一旦有症狀，嚴重程度就會比狗狗還要明顯。

烏賊內臟更是內含大量硫胺酶，日本俗語的「貓吃了烏賊會站不起來」未必只是迷信呢。不過，生魚片並沒有可怕到貓咪只要吃一口就會出現症狀，比較有疑慮的會是「大量」或「長期」食用的情況。硫胺酶不耐熱，所以加熱變熟後餵食就不會有問題。

乾魷魚會在體內膨脹，非常危險！

烏賊和章魚雖然不是很好消化，但考量到貓咪是純肉食性動物，能夠輕鬆消化掉肉類，照理說只要不是太大量，對貓咪的消化應該不至於造成太大負擔。話雖如此，「乾魷魚」很硬，可能會不好消化，在胃中吸水後還有可能膨脹超過10倍，導致貓咪想吐也吐不知來，殘留於腸胃中。乾魷魚烤過後很香，就算貓咪想吃也不能餵食呦。→餵食其他魚類的注意事項請參照P45。

雖然不是很確定對貓咪有無毒性……

但因為「對狗狗有毒」，保險起見別餵食的食物

危險指數 ？？？

酪梨 Avocado

酪梨的葉子、果實、種子含有名為「Persin」的成分，人類除外的動物攝取後，可能會出現嘔吐、腹瀉、呼吸困難等症狀，甚至會對鳥類及兔子的心血管造成損傷，嚴重還可能致死，另外也有馬、綿羊及山羊因此中毒的相關報告。目前並無確切的研究能夠掌握酪梨對貓狗的毒性影響，或是攝取多少的酪梨會產生怎樣的徵兆，但無論如何都不能讓貓咪吃到酪梨。

木糖醇 Xylitol

常見於甜味劑的一種糖醇。對人類來說有助預防蛀牙，對狗狗而言卻是有害物。中型犬只要不小心吃2～3顆木醣醇口香糖，就有可能造成血糖降低、肝功能不全。美國動物毒物控制中心雖然曾在2019年的專欄*提到，「木醣醇不會對人類、貓咪、雪貂造成影響」，但飼主們也無須刻意餵食。

*資料來源：APCC(2019)，*Updated Safety Warning on Xylitol: How to Protect Your Pets*

葡萄、葡萄乾 Grapes, Raisins

我們雖然不確定葡萄及葡萄乾的哪個成分有害，但多數人都知道，狗狗吃了後會出現急性腎損傷。貓咪雖然沒有相關的調查報告，但「我曾經遇過主人定期餵貓咪吃葡萄乾，結果貓咪得腎臟病的情況，雖然很難判斷餵葡萄乾究竟是不是生病的原因……」（服部醫生）。既然沒有進一步的資訊，現階段當然就無法鼓勵各位讓貓咪吃這類食物。

堅果類 Nuts

夏威夷豆對狗狗有害，吃多了會出現虛弱無力（尤其是後腿）、上吐下瀉症狀。目前並不知道究竟是哪種成分對狗狗有毒，但保險起見請勿讓貓咪食用。杏仁、核桃等堅果、椰子果肉或椰奶的油脂含量高，過量都有可能造成腸胃負擔。

＊資料來源：APCC(2015) : *Animal Poison Control Alert: Macadamia Nuts are Toxic to Dogs* 參考

— COLUMN —

因為可能會危害貓咪……

如果要餵食人類食物的注意事項

這裡要先聲明一個大前提，飼主平常必須根據愛貓的年齡、生活型態，提供優質的「綜合營養餐」。所謂綜合營養餐，是指貓咪只要攝取水分及餐點，就能維持身體健康的「主食」貓糧。若能給予貓咪適當分量的綜合營養餐，就不用刻意再給人類的食物。如果持續給予這類食物，反而容易造成貓咪營養失調，甚至阻礙所需養分的吸收，帶來負面影響。

話雖如此，各位可能都曾遇過「只要加點柴魚，沒啥食慾的貓主子就會願意開金口品嘗」、「想要慶祝一下的特殊節日會特別給些生魚片跟貓主子分享」。還有些人更厲害，堅持手作貓食及零食，同時也很講究均衡攝取營養呢。

對此，接著我們就來一一解說「如果要餵食」魚類、肉類、雞蛋、乳製品、蔬果時的注意事項。

魚類

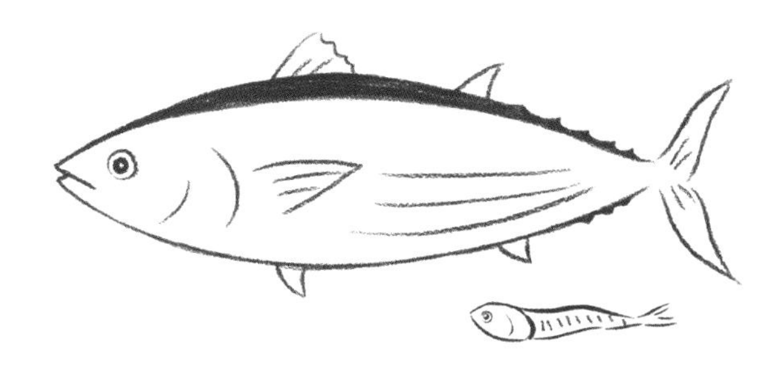

POINT 1

魩仔魚等小魚乾富含礦物質

「尿結石（尿道結石，P47）」是貓咪最普遍會遇到的疾病，常聽見的預防方法為「避免給予（或給予過量）富含礦物質的柴魚或魚乾」。但其實柴魚和魚乾的含量並不相同，比較每100g標準成分量的話，魚乾的含鹽量遠比柴魚高出許多，鈣含量更是柴魚的78倍之多（下頁表格）。因此建議過去曾罹患尿結石，或是正在作飲食管控的貓咪不可食用，健康的貓咪也是要控制在每週只能餵1條呦。

海鮮乾燥加工後水分會消失，鮮味及成分精華也跟著濃縮。即便只是半乾燥過的魩仔魚乾，當中的鈉含量還是高於其他小魚乾。如果貓咪會討食乾貨、鮪魚罐頭等內含鹽分及添加物的加工食品，主人只能給予極少量，同時要避免餵食人們吃了也會覺得鹹的食物。

POINT 2

柴魚的情況又不太一樣

每100g柴魚的標準含鹽量介於0.3～1.2g，和一般的貓零食相差不大，有時含鹽量甚至比尿結石治療餐還低。然而，貓咪的綜合營養餐、治療餐「其實就已經含有足夠的礦物質所需量」，再多給柴魚的話，反而會導致過量，因此若真要餵食，建議「貓主子食慾變差時，稍微撒一些在貓糧上」即可。

主要礦物質及含鹽量比較圖
（每100g含量）

	鈉	鉀	鈣	鎂	磷	相對含鹽量
小魚乾	1700mg	1200mg	2200mg	230mg	1500mg	4.3g
柴魚	130mg	940mg	28mg	70mg	790mg	0.3g
柴魚片（包裝品）	480mg	810mg	46mg	91mg	680mg	1.2g
魩仔魚乾（微乾燥）	1600mg	210mg	210mg	80mg	470mg	4.1g
魩仔魚乾（半乾燥）	2600mg	490mg	520mg	130mg	860mg	6.6g
市售液狀零食	—	—	—	—	—	約0.7g
「下尿路疾病」專用綜合營養餐	—	—	600mg	高於75mg	500mg	—
「腎臟疾病」治療餐	452mg	904mg	719mg	82mg	411mg	1.14g
「尿結石」治療餐	1296mg	996mg	870mg	58mg	870mg	3.29g

※截錄自「日本食品標準成分表2015年版（七訂）」。
※參考食品包裝或成分表所標示之礦物質含量（—代表包裝上並未記載），同時列出相對含鹽量，計算方式為鈉含量（g）×2.54。
※零食含鹽量是以鹽度計測得。

「草酸鈣」造成的尿結石病例數不斷增加

尿結石是指腎臟、輸尿管的「上尿路」或膀胱、尿道的「下尿路」長出結石，是會對組織造成傷害的疾病。尿結石會伴隨血尿（如果是潛血，有時看顯微鏡就能確認），尤其是公貓的結石很容易卡在尿道，甚至轉為重症。

貓咪的結石主要有兩種，分別是由鎂形成的「磷酸銨鎂結石」（Struvite）以及鈣形成的「草酸鈣結石（一種草酸鹽）」。

過去較常見磷酸銨鎂結石，但從世界近年的趨勢來看，草酸鈣結石案例數正不斷增加。目前尚未掌握原因為何，但有人認為是貓咪飲食生活改變所造成。無論是哪種結石，飼主都應避免讓貓咪攝取過量的鎂、鈣，才能預防尿結石的產生。

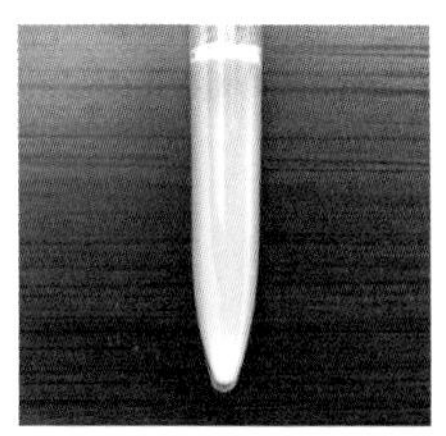

罹患尿結石貓咪的尿液。尿液中含有大量細沙般的「結晶」，呈混濁狀。這些結晶聚集成如石頭般的固化物後，就是「結石」。

貓咪常見的兩種結石

磷酸銨鎂結石

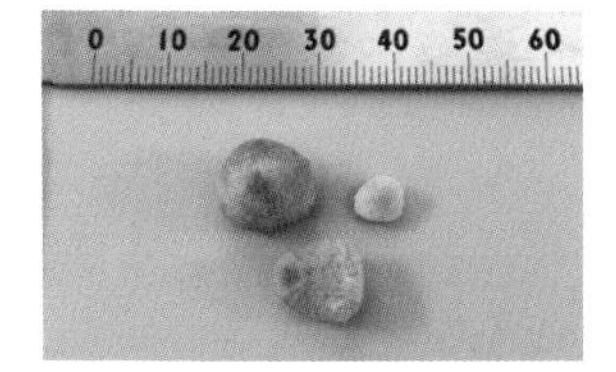

多半是圓圓的。

草酸鈣結石

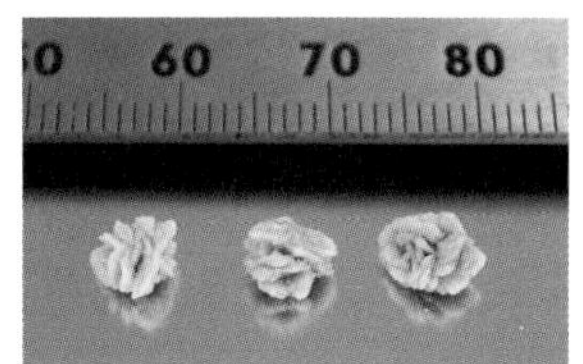

形狀帶有尖刺，貓咪可能會出現強烈疼痛感。

POINT 3

只餵食魚類（尤其是青皮魚）的話，很容易得黃脂病

貓咪的老祖先棲息在陸地上時，以捕獲鳥類或哺乳類小動物維生，所以是百分之百只吃肉的「純肉食性動物」。不過，到了日本或許是受到人類飲食文化的深刻影響，開始出現了「貓咪愛吃魚」的既定印象。

魚的確是很棒的蛋白質來源，不過含有大量「不飽和脂肪酸」，必須多加留意，像是竹筴魚、沙丁魚、鯖魚、秋刀魚等青皮魚的含量更是豐富。不飽和脂肪酸雖然有助人體血液循環，卻也會和活性氧結合，形成容易引發疾病的過氧化脂質。只要補充具抗氧化作業的「維生素E」就沒有太大問題，餵食含魚類成分的貓糧也不用擔心，但如果貓咪「只吃青皮魚」＋「不補充維生素E」可就有危險了。攝入體內的脂肪可能造成發炎，甚至罹患會變色的「黃脂病」（Yellow fat），嚴重還會致死。目前已經較少主人會每天給魚，黃脂病的病例數減少許多，但還是要避免太過頻繁地分食青皮魚呦。

POINT 4

要給生魚的話，只能餵新鮮的生魚片

生魚裡含有能分解「維生素B1」的酵素「硫胺酶」（P41）。貓咪會比狗狗更需要「維生素B1」，如果連續好幾天都餵貓咪吃魚的話，就很容易出現維生素B1缺乏症。

另外，有時生魚（尤其是青皮魚）裡會寄生一種名叫海獸胃線蟲（Anisakis）的線蟲。無論是硫胺酶或海獸胃線蟲，只要經過烹煮、烘烤加熱，硫胺酶就會被破壞，海獸胃線蟲也會死亡，所以加熱後再餵食貓咪會比較安心。已經變質的生魚片會造成上吐下瀉，所以

若真要餵食，務必給予新鮮且少量的生魚片即可。山葵等辛香料對貓咪而言太過刺激，請勿餵食。

貓咪也會有！？熱帶性海魚毒中毒

「熱帶性海魚毒中毒」（ciguatera，又稱「雪卡毒」），是指攝取了在熱帶及副熱帶海域中，多半棲息於珊瑚礁附近的魚種，所引發的食物中毒總稱。人類中毒的話除了會有溫度感覺異常、關節痛、肌肉痛、皮膚癢、麻痺等神經症狀，還可能出現上吐下瀉、心跳緩慢的情況。另有報告指出，貓狗其實也很容易罹患熱帶性海魚毒中毒。

根據南太平洋庫克群島上的唯一一間動物醫院Esther Honey Foundation Animal Clinic從2011年3月至2017年2月這6年期間的看診紀錄調查結果，共有165隻狗、81隻貓，總計246例的熱帶性海魚毒中毒病例，其中29％的病例顯示有攝取魚類。常見症狀包含了運動失調、麻痺、腰痛，另外發現呼吸道系統和消化道系統也會受影響。

＊ Michelle J. Gray & M. Carolyn Gates (2020)：*A descriptive study of ciguatera fish poisoning in Cook Islands dogs and cats*

餵食要注意

肉、蛋類

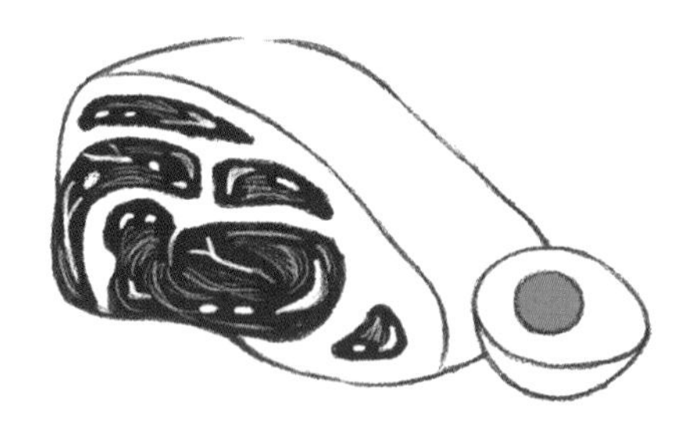

POINT 1

貓雖然是肉食性動物，但「只吃肉」會營養不足

貓咪是肉食性動物，但並不是像人類一樣，只吃已經分切好的牛肉、雞肉、豬肉等畜肉。牠們會捕食老鼠及鳥類等小動物，連同內臟和軟骨全部吃下肚，滿足所須營養。

舉例來說，動物內臟富含一種貓咪體內無法自行合成，要靠食物補充的必須成分「牛磺酸」，餵食非內臟的肉類也無法獲得必須量。除了給予貓糧，若還要餵食肉類的話，建議勿超過總量的4分之1。

雖然貓咪原本就會吃生肉，但考量大腸桿菌、沙門氏菌等食物中毒的風險，建議加熱再餵食會比較安心。吃豬肉有可能會感染寄生蟲的弓蟲病（Toxoplasmosis），所以務必充分加熱。

POINT 2

肉有可能是過敏原

最近坊間可以看見許多不含穀物或穀類成分的「無穀」飼料，蠻多飼主會擔心貓咪對穀物過敏，因此選用這類飼料。但其實除了穀物，肉（尤其是牛肉）、魚等動物性蛋白質也有可能是貓咪的過敏原。若貓咪吃了某種肉類食物後出現上吐下瀉、發癢、皮膚炎、掉毛等症狀，就必須諮詢獸醫師。

POINT 3

餵太多肝臟類會導致維生素A攝取過量

肝臟營養價值高，含有高濃度的「維生素Ａ」。維生素Ａ為脂溶性，不易溶於水，長期攝取容易囤積在肝臟，若發生在貓咪身上，頸部至前腳可能會出現骨骼異常或肌肉疼痛。人類在貧血時會吃肝臟補血，但貓咪沒有缺鐵性貧血的問題。若貓咪的鼻子和牙齦變白，代表可能貧血，敬請盡速帶往就醫。

POINT 4

生蛋白會引起維生素B缺乏症

喜歡吃蛋的貓咪應該不多，不過還是要小心蛋白裡的「抗生物素蛋白質」（Avidin）。此成分容易與維生素Ｂ群裡的「生物素」（Biotin）結合，阻礙生物素吸收。不過蛋黃中還有大量生物素，所以只要餵食全蛋就不會有太大問題。

抗生物素蛋白質經加熱後會失去活性，不至於造成危害。考量生蛋還可能殘留大腸桿菌、沙門氏菌，敬請加熱後再餵食。

乳製品

POINT 1

「牛奶」容易吃壞肚子

漫畫或卡通裡常出現餵野貓或中途貓喝牛奶的橋段，所以一般人都會認為貓咪喜歡牛奶，但其實有些貓喝牛奶可是會拉肚子的。貓咪本來就比較缺乏能夠分解乳糖的酵素「乳糖酶」，無法消化吸收乳製品所含的乳糖。

若要為出生未滿2個月的奶貓補充營養，敬請挑選高蛋白、高脂肪的幼貓專用牛奶。若臨時中途貓咪，沒辦法立刻取得幼貓專用牛奶的話，則可先用無乳糖牛奶應急，並額外補充蛋白質與脂肪。「據說牛奶加蛋黃後，成分會很接近貓咪的母乳呦」(服部醫生)。

POINT 2

有些貓會對乳製品過敏

雖然不常見，但還是有貓咪會因為牛奶或其他乳製品出現食物過敏。如果看見貓咪沒什麼食慾，想要給點牛奶補充營養，或是覺得貓咪對牛奶很有興趣，而想餵貓咪喝看看的時候，請先給予少量嘗試，確認身體情況有無變化。一旦出現「幾分鐘後開始嘔吐」、「幾小時後身體開始發癢、起疹子」、「隔天開始腹瀉」等情況就必須就醫。另外還有以下幾點注意事項。

・不要給冰冷的牛奶或乳製品，回溫後再餵食。

・若要用來補足貓咪的飲食，則須避免營養或熱量過剩。
・市面上也有成貓或高齡貓牛奶，亦可多加利用。

POINT 3

餵食起司要避免攝取過量脂質和鹽分

起司和牛奶一樣，原料都是生牛乳，不過起司乳糖量遠低於牛奶，可說是較不會引起消化不良的乳製品。一般而言，起司含有比牛奶豐富的「蛋白質」，還有「脂質」、「鈉」、「鈣」等非常多種礦物質，以缺點來說的話就是容易攝取過量。若要餵食貓咪，建議給予少量以脫脂牛奶製成的茅屋起司，或是低脂減鹽的貓用起司零食即可。

POINT 4

優格並非完全零乳糖

我們偶爾都會聽到「優格的乳糖已經分解掉了，所以可以給貓咪吃」的說法，但一般的優格並非「零乳糖」，成分裡的乳糖其實沒有被完全分解掉。如果貓咪的體質無法消化一丁點乳糖，那麼吃了就會腹瀉。乳酸菌能夠幫助改善腸道環境，不少貓咪都很愛吃優格，飼主不妨先讓貓咪舔舔看，觀察愛貓是否能夠接受。同時建議挑選無糖的原味優格，避免糖分攝取過量。

還有論述指出，優格能夠預防口臭，但以目前獸醫學的觀點來看尚未證實。口臭有可能是罹患牙周病或腎臟病，發現貓咪有口臭的話就該帶去看醫生。

餵食要注意

蔬菜、水果

POINT 1

菠菜、小松菜的草酸含量高

菠菜、小松菜等綠色蔬菜富含草酸，很有可能形成常見於貓咪身上的「草酸鈣」結石（P47）。氽燙雖然能減少草酸含量，仍應避免持續餵食。

POINT 2

部分水果容易引起過敏

有些人會對桃子、芒果、鳳梨等特定水果過敏，而貓咪也曾出現過上吐下瀉、發癢、濕疹等症狀。若要讓貓咪嘗試，建議先餵食少量，確認有無異狀。同時切勿過量，以免糖分攝取過剩。

POINT 3

柑橘類的果皮含精油

大多數的貓咪都不太喜歡柑橘類的氣味，就算對橘子、檸檬看似有點興趣，眉頭還是會整個皺起面露不悅，所以不太可能有餵了肯吃，或是貓咪自己偷吃的情況。但還是要注意，柑橘類果皮的精油含一種名叫「d-檸檬烯」（d-Limonene）的成分，動物吃下肚之後可能會引發輕微的腸胃不適。保險起見，應避免讓貓咪吃到連皮製成的果醬等加工品。另外，部分清潔劑中也含有柑橘類的芳香成分。

POINT 4

也有不確定貓咪是否會因此中毒的蔬果

大多數人都知道蔥類（P32）與茄科未熟果實（P71）會害貓咪中毒，但尚無更多案例讓我們全面掌握蔬果對貓咪會有何影響。以無花果為例，目前已知的是：

①貓咪吃到無花果屬（又稱榕屬）植物（如白榕，P87）的話，可能會引起腸胃炎或皮膚炎。

②可食用的果實部分帶有「呋喃香豆素」（Furocoumarin），會引起光毒性反應，對人類皮膚同樣會帶來刺激，造成發炎。

從上述資訊便可得到「貓咪吃了無花果果實有可能會中毒」的結論。為了以防萬一，也建議飼主們避免餵貓吃下面列出的蔬果。

含中毒物質的蔬菜及水果

- 各種葡萄→P43
- 杏桃、木瓜、枇杷、梅子、桃子、李子、櫻桃等種子或未熟的果實→P30
- 芋頭、山藥：含「草酸鈣」，汁液可能會造成皮膚炎。
- 鴨兒芹：含未知的過敏原，大量攝入可能會造成皮膚炎。
- 蘆筍：汁液可能會造成皮膚炎。
- 銀杏（白果）：含可能造成中毒的物質「銀杏毒素」（Ginkgotoxin）。
- 紅鳳豆：種子含胺基酸類的「刀豆氨酸」（Canavanine），另外還有「刀豆球蛋白A」（Concanavalin A）等成分。

2 貓咪吃了會有危險的植物

肉食性動物的貓咪無法透過肝臟分解掉植物成分中的毒素，
一旦不小心吃了植物，就有可能中毒。
貓咪因植物中毒的資訊來源多半為外國的報告及文獻，
這裡則是廣泛蒐集了人氣花朵與植物情報，
製作出「能幫助飼主讓愛貓遠離中毒的植物清單」。

避免貓咪誤食的基本對策

- 有報告指出，貓咪因誤食植物中毒的案例中，半數的貓齡不滿1歲，是否對植物有興趣會依個體、年齡出現顯著差異，所以必須仔細觀察貓咪是否出現想吃植物的行為，並做好管理。
- 與其「避免讓貓咪吃到有毒的部分」，直接「阻絕掉貓咪接觸植物的機會」會更適切。即便是舔一口花粉、喝一口花瓶裡的水都有可能讓貓咪中毒，所以就算貓咪看似不感興趣，只要是吃了會中毒的危險植物（尤其是百合P58）都應避免擺放。

危險指數 說明

未來我們應該能掌握更多與植物中毒相關的資訊，不過書中會根據現階段的情報，將高危險指數的植物列為 ，判斷憑據包含了外國文獻*是否有提到容易引起中毒、是否容易出現嚴重症狀、是否有致死案例，以及日本國內大眾是否熟知該植物、是否相當常見等項目。

* Gary D. Norsworthy (2010) : *The Feline Patient, 4th Edition*, P402～等

百合

Lily

危險指數 🐱🐱🐱

學名	*Lilium* spp. & cvs.
分類	百合科／百合屬
有毒的部分	連同花粉全部有毒

身邊常見花卉＋毒性MAX。對貓而言最危險的植物

對養貓人家來說，百合是不建議拿進室內擺放最代表性的植物。根據對172位獸醫師的問卷調查，有34人在看診時曾遇過誤食觀賞用百合的貓狗，其中12人甚至表示「貓狗因此死亡」。從獸醫師的看診經驗與死亡案例數來看，百合是所有植物之冠。

百合是一種能透過雜交衍生出多樣品種的植物，除了花店可以買到的觀賞用百合，連同自生的山百合（Lilium auratum）、豔紅鹿子百合（Lilium speciosum）在內的所有百合屬（Lilium）花類對貓咪而言，都是毒性極強，非常危險。

*アニコムホールディングス2011年對獸醫師進行的問卷調查。暫定致死率為35%〈看診對象因此死亡之異物（12）／看診對象有誤食經驗之異物（34）×100〉

百合會引發急性腎損傷，甚至死亡

我們雖然尚無法得知究竟是什麼成分有毒，但貓咪只要啃咬個1～2片葉子，或是吃掉花朵，就會在3小時內出現嘔吐症狀。理毛的時候舔到附著在身上的花粉，或是喝了百合花瓶裡的水也都會引發中毒。

其他症狀還包含了抑鬱、食慾不振、沒有精神、意識混沌、多飲頻尿等，另外也可能會出現皮膚炎或胰臟發炎。貓咪甚至會因此罹患急性腎損傷，嚴重的話將不幸死亡。

過去被歸類為百合科的萱草屬（Hemerocallis）植物也和百合一樣，整棵植株都對會貓咪帶來嚴重毒害，引發急性腎損傷，一旦發現貓咪誤食，就必須視為「緊急情況」，立刻帶至醫院看診。

*以上資料來源：APCC：*How to Spot Which Lilies are Dangerous to Cats & Plan Treatments*參考

鬱金香

Tulip

危險指數 

學名	*Tulipa* spp. & cvs.
分類	百合科／鬱金香屬
有毒的部分	整棵植株，尤其是球根最毒

內含心臟毒性成分
有罹患急性腎損傷風險

鬱金香是春天的代表性植物，和百合同屬百合科，因此對貓咪而言，也是最危險的植物。尤其是球根處充滿了心臟毒性成分「Tulipin」。日本國內便有報告指出，曾有狗狗因為大量食用球根造成嘔吐及吐血*。貓咪誤食鬱金香的話，將有可能出現腸胃發炎、唾液過度分泌、痙攣、心臟異常等情況。即便不是直接啃食球根，光是喝到種植鬱金香的水就有可能會出事。

另外，鬱金香還含有過敏性物質「Tulipalin（A與B）」，人類長期接觸也會引起皮膚炎。其中又以球根中的Tulipalin含量最高。

*「犬隻Tulipin中毒病例」（日本獸醫生命科學大學獸醫保健看護系臨床部門／寵物營養學會誌、2016）

貓咪曾因此死亡

雖然無法確定上述成分是否為中毒原因，但對貓咪而言，鬱金香可能會影響腎功能。2018年在英國就有一則新聞，提到貓咪誤食鬱金香後出現急性腎損傷，最後死亡。報導指出，該名飼主讓愛貓坐在插了鬱金香的花瓶旁邊，並將照片上傳至社群網站。隔天卻發現貓咪用拖行的方式走路，趕緊帶愛貓去找獸醫師，結果照片上傳不到一天的時間，貓咪就過世了。飼主後悔地表示，知道「百合對貓咪有毒」，但是不知道原來鬱金香也是很危險的*。

鬱金香的顏色繽紛，很多主人都會讓貓咪和鬱金香一起拍照，但還是要讓貓咪遠離鬱金香，以免愛貓碰到鬱金香或喝到花瓶的水。

*資料來源：THE SUN：*KILLED BY TULIPS Mum posts 'cute' pic of beloved cat posing next to tulips – only for flowers to kill pet 24 hours later*

天南星科植物

Family Araceae

危險指數 

學名	*Family Araceae*
分類	天南星科
有毒的部分	整棵植株。一般而言，草酸鈣結晶多半會集中於莖梗處（有些則集中於葉子）

白鶴芋

（苞葉芋）

Peace Lily

學名	*Spathiphyllum* spp. & cvs.
分類	天南星科／白鶴芋屬

蔓綠絨

Philodendron

學名　*Philodendron* spp. & cvs.

分類　天南星科／喜林芋屬

＊草酸鈣主要集中在葉子

黛粉葉

Dieffenbachia

學名　*Dieffenbachia* spp. & cvs.

分類　天南星科／花葉萬年青屬

許多天南星科植物都會被作為室內觀葉盆植，相當受歡迎，但是對貓咪來說卻是充滿危機。這類植物含有「草酸鈣」結晶，貓咪啃咬後會刺激口腔黏膜，引起發炎，甚至伴隨灼燒般的疼痛感。另外還會出現唾液過度分泌、吞嚥障礙等症狀。嚴重時甚至會引發腎損傷，或是中樞神經系統徵兆。據說可能也與某種尚未掌握的酵素有關。P62～63提到的三種植物更被認為會使貓咪出現劇烈的中毒反應*。

＊資料來源：Gary D. Norsworthy(2010) : *The Feline patient,4th Edition*

還要注意這些天南星科植物！

粗肋草
（和名為リョクチク、緑竹）

Chinese Evergreen

學名　*Aglaonema* spp. & cvs.

分類　天南星科／粗肋草屬

姑婆芋
Alocasia

學名　*Alocasia* spp.

分類　大南星科／姑婆芋屬

海芋
Calla Lily

學名　*Zantedeschia* spp.

分類　天南星科／馬蹄蓮屬

＊草酸鈣主要集中在看起來像花的部位與葉子

彩葉芋

（又名花葉芋、五彩芋）

Caladium

學名 *Caladium bicolor (Caladium x hortulanum)*

分類 天南星科／五彩芋屬

斑葉合果芋

Arrowhead Vine

學名 *Syngonium podophyllum*

分類 天南星科／合果芋屬

黃金葛

（又名綠蘿、萬年青）

Pothos

學名 *Epipremnum Aureum*

分類 天南星科／長春芋屬

龜背芋

（又名電信蘭、蓬萊蕉）

Monstera

學名 *Monstera deliciosa*

分類 天南星科／龜背芋屬

常春藤

（又名木蔦）

Ivy

危險指數 (3/3)

學名	*Hedera* spp.
分類	五加科／常春藤屬
有毒的部分	葉子、果實。又以葉子毒性最強

除了園藝界非常受歡迎的西洋常春藤（Hedera helix）外，常春藤的學名（Hedera）本身就相當熟悉常見。不過，常春藤含有名叫「Hederin」的皂苷（一種醣苷）以及「Falcarinol」（中譯為鐮葉芹醇）成分，會造成刺激，出現上吐下瀉、腸胃炎、皮膚炎、唾液過度分泌、口渴等症狀，還可能變得興奮、呼吸困難。

鵝掌藤的同類

（卵葉鵝掌藤、澳洲鴨腳木等）

Schefflera

危險指數 ●●●

學名	*Schefflera* spp.
分類	五加科／鵝掌柴屬
有毒的部分	葉子

鵝掌藤和常春藤一樣，同屬五加科。在日本，別名カポック或ヤドリフカノキ的Schefflera arboricola（卵葉鵝掌藤）是很有人氣的觀葉植物。植物內含有「草酸鈣」結晶與「Falcarinol」（中譯為鐮葉芹醇），會對口腔內、嘴唇、舌頭帶來如灼燒般的劇痛感，並引起發炎。另也可能出現唾液過度分泌、嘔吐、吞嚥困難。

毛茛科植物

Family Ranunculaceae

危險指數

陸蓮花

Garden Ranunculus

學名　*Ranunculus* spp.

分類　毛茛科／毛茛屬

以名為Buttercup的毛茛原種最危險，但花瓣重疊生長的園藝品種—陸蓮花的整棵植株（尤其是嫩葉、莖、根）都帶有刺激性的親油性醣苷「原白頭翁素」（Protoanemonin），除了會使口腔內疼痛、發炎，還可能會出現上吐下瀉、腸胃炎等。陸蓮花開花時的原白頭翁素濃度會變高。

大飛燕草

Delphinium

學名　*Delphinium* spp. & hybrids

分類　毛茛科／大飛燕草屬

種子和幼苗含有一種名叫「飛燕草素」（Delphinine）的生物鹼，會引起神經麻痺，另外也可能出現便秘、絞痛、唾液過度分泌、肌肉顫抖、衰落、痙攣等症狀，甚至會造成呼吸器麻痺、心臟衰竭。

許多毛茛科植物的毒性都很強，大家熟知帶有劇毒的烏頭、側金盞花都是毛茛科。這裡將介紹身邊常見，但會對寵物貓造成危險的毛茛科植物。除此之外，也要避免貓咪誤食鐵線蓮、銀蓮花、鉤柱毛茛等毛茛科植物。

飛燕草
（千鳥草）

Larkspur

學名　*Consolida ajacis*
　　　(Consolida ambigua)

分類　毛茛科／飛燕草屬

長出地上的部分與種子內含有名為「Ajacine」（洋翠雀鹼）和「Ajaconine」（洋翠雀康寧）的生物鹼，會出現和誤食大飛燕草一樣的症狀。

鐵筷子
（耶誕玫瑰）

Christmas Rose

學名　*Helleborus niger* 等

分類　毛茛科／耶誕玫瑰屬
　　　（鐵筷子屬）

除了含有「原白頭翁素」，還有多種強心苷類帶毒性。整棵植株都有毒，根部特別危險。誤食後除了會出現口腔內疼痛或腹痛、上吐下瀉等症狀，對心血管系統也有影響，末期症狀包含了心律不整、低血壓、心臟麻痺等。

茄科植物

Family Solanaceae

危險指數 

學名	*Family Solanaceae*
分類	茄科
有毒的部分	整棵植株。尤其是未熟的果實、葉子

龍葵

Nightshade

學名	*Solanum nigrum*
分類	茄科／茄屬

龍葵英文又叫「Nightshade」，成分中的「茄鹼」（Solanine）有毒。日本雖然對龍葵較陌生，但茄科的銀葉茄（Silverleaf nightshade）毒性極強，就算攝入量只有體重0.1%也會出現症狀。症狀包含有重度腸胃障礙、運動失調、衰弱等。

番茉莉

Yesterday, Today, Tomorrow

學名　*Brunfelsia* spp.

分類　茄科／番茉莉屬

其中又以二色茉莉（Brunfelsia australis）最受歡迎。香氣馥郁，英文俗名又非常浪漫，但其實帶有名為「Brunfelsamidine」的神經毒素，會出現眼球震顫、顫抖等急性中毒症狀，甚至不幸死亡。

茄科植物中的某些成分會抑制膽鹼酯酶（cholinesterase），引發上吐下瀉、瞳孔放大、運動失調、衰弱等症狀，更有資料指出，龍葵和番茉莉的中毒風險非常高*。

＊參考資料：Gary D. Norsworthy(2010) : *The Feline patient,4th Edition*

也要很小心這些茄科植物！

馬鈴薯

Potato

學名　*Solanum tuberosum*

分類　茄科／茄屬

平常在吃的塊莖部分當然沒問題，不過葉子、嫩芽、變綠的表皮範圍帶有會對神經起作用的「茄鹼」，不少報告都有提到，其實連人類誤食都會中毒。據說男爵馬鈴薯的有毒成分比五月皇后馬鈴薯少。

也要很小心這些茄科植物！

番茄

Tomato

學名　*Solanum lycopersicum*

分類　茄科／番茄屬

番茄是陽台菜園常見的植物，但其實莖、葉、未熟果實所含的醣苷生物鹼「番茄鹼」和茄鹼一樣都帶有毒性，誤食後消化系統可能會出現症狀、抑鬱或瞳孔放大。

酸漿（鬼燈）

Chinese Lantern Plant

學名　*Physalis alkekengi* var. *franchetii*

分類　茄科／酸漿屬

還帶綠色的未熟果實及葉子部分含有「茄鹼」與「癲茄鹼」（Atropine）。日本盂蘭盆節時會供在佛桌或作為吊掛裝飾，不過要注意別讓貓咪誤食。

曼陀羅的同類

（大花曼陀羅等）

Angel's Trumpets, Datura

學名　*Brugmansia* spp. , *Datura* spp.

分類　茄科／曼陀羅木屬、曼陀羅屬

整棵植株皆有毒，「莨菪鹼」(Hyoscyamine)會抑制副交感神經，刺激中樞神經，出現瞳孔放大、興奮、脈搏加快等症狀。曼陀羅種子的毒素濃度相當高。

仙客來

（又名篝火花、豬饅頭）

Cyclamen

學名	*Cyclamen persicum*
分類	報春花科／仙客來屬
有毒的部分	整棵植株。尤其是球根

仙客來的色彩豐富，花朵鮮艷非常有魅力，相當常見於耶誕季節，更是冬季不可少的代表性花卉。具毒性的皂苷「仙客來素」（Cyclamin）集中於球根。一旦大量啃咬，就會嚴重嘔吐、消化道發炎、心搏數異常、痙攣，最糟甚至會因此死亡。

鈴蘭

Lily of the Valley

危險指數 ●●●

學名	*Convallaria majalis*（德國鈴蘭）、*Convallaria keiskei*（日本原產鈴蘭）等
分類	天門冬科／鈴蘭屬
有毒的部分	整棵植株。尤其是花朵、根部、根莖

鈴蘭看起來非常可愛，毒性卻很強烈。帶有能夠用來治療心臟病的鈴蘭毒苷（Convallatoxin）等強心苷類。鈴蘭毒苷溶於水，就連舔到花瓶中的水都可能有危險。症狀包含上吐下瀉（可能會伴隨出血），嚴重的話會使心搏數下降、心律不整。最糟的情況則是心臟衰竭因此死亡。

杜鵑花的同類

（杜鵑、常綠杜鵑、蓮花杜鵑、皋月杜鵑等）

Azalea

危險指數 ××××××

學名	*Rhododendron* spp. & hybrids
分類	杜鵑花科／杜鵑花屬
有毒的部分	整棵植株。尤其是花蜜、葉子

杜鵑整棵植株，尤其是葉子與花蜜含有杜鵑花科特有的毒性成分「梫木毒素」（Grayanotoxin），據說攝取每kg體重3mℓ的花蜜，或是每kg體重0.2％的葉子就會對身體有害。除了不斷嘔吐可能會造成誤嚥外，也會出現心律不整、痙攣、運動失調、抑鬱等症狀。其中又以蓮花杜鵑（Rhododendron japonicum）和同科的毒草—馬醉木（Pieris japonica）最為有名。

南天竹

Nandina

學名	*Nandina domestica*
分類	小檗科／南天竹屬
有毒的部分	整棵植株。尤其是果實、葉子

日文帶有能夠「翻轉」、「難關」的含意，是相當吉祥的植物，常見於日本年菜料理，也會作為過年裝飾。果實所含的「Domestine」是止咳喉糖會用到的成分。一旦貓咪誤食，就有可能因此衰弱，或是出現運動障礙、痙攣、呼吸衰竭等症狀。葉子所含的「南丁寧鹼」（Nandinine）同樣具毒性。年末年初期間動物醫院也會休息，注意可別讓貓咪誤食了。

秋水仙

Autumn Crocus

危險指數

學名	*Colchicum autumnale*
分類	秋水仙科／秋水仙屬
有毒的部分	整棵植株。尤其是花朵、球根、種子

裡頭所含的生物鹼——秋水仙鹼（Colchicine）有毒，會阻礙細胞分裂。人類會用秋水仙鹼來治療痛風，但貓咪誤食的話，初期可能出現腹痛、嘴巴與喉嚨有灼燒疼痛感、嘔吐腹瀉物帶血，或是麻痺、痙攣、呼吸困難等症狀。一旦轉為重症，就會出現多重器官衰竭，也曾有人誤食身亡。

長壽花

（伽藍菜，日文又名琉球弁慶）

Kalanchoe

危險指數 🐱🐱🐱

學名	*Kalanchoe* spp.
分類	景天科／燈籠草屬（伽藍菜屬）
有毒的部分	整棵植株。尤其是花朵部分

園藝品種一年四季皆流通於市面。「Bufadienolide類」強心苷會造成上吐下瀉、運動失調、顫抖，甚至有可能暴斃身亡。更有報告指出，devil's backbone（斑葉紅雀珊瑚）和mexican hat plant（綴弁慶）這兩種的毒性特別強*。

＊資料來源：Gary D. Norsworthy(2010)：*The Feline patient,4th Edition*

毛地黃

（又名狐狸手套）

Foxglove

危險指數 

學名	*Digitalis purpurea*
分類	車前科／毛地黃屬
有毒的部分	整棵植株。尤其是花朵、果實、嫩葉

在歐洲相當有名的毒草。含有強心苷類「毛地黃毒苷」（Digitoxin），貓咪誤食會上吐下瀉，接著出現徐脈、心律不整、心臟衰竭。人類也會出現重症，甚至死亡。用來治療心臟衰竭的毛地黃製劑「地高辛」則是萃取自同為毛地黃屬的長葉毛地黃（Digitalis lanata），而非文中提到的毛地黃。

蘇鐵

（鐵樹、鳳尾蕉）

Sago Palm, Fern Palm

學名	*Cycas revoluta*等
分類	蘇鐵科／蘇鐵屬
有毒的部分	整棵植株。尤其是種子

蘇鐵素（Cycasin）等醣苷會對肝臟和神經造成傷害，引起嘔吐、腸胃炎、黃疸、昏睡症狀，甚至出現會致死的肝功能障礙。曾有報告提到，誤食蘇鐵的動物中，有50～75％因此死亡*。種子的毒性更強，吃個1～2顆就可能喪命。

* APCC(2015)：*Animal Poison Control Alert: Beware of Sago Palms*

夾竹桃

Oleander

危險指數

學名	*Nerium oleander*
分類	夾竹桃科／夾竹桃屬
有毒的部分	整棵植株。尤其是白色汁液、種子，枯葉也帶毒性。

夾竹桃生長力強，很耐都市排放的廢氣，所以被大量種植於公園及街邊，但其實夾竹桃帶有的強心苷類「夾竹桃苷」（Oleandrin）具心臟毒性。貓咪誤食會出現上吐下瀉（可能會伴隨出血）、心律不整。也有人類因此死亡的案例，成人的經口致死量為5～15片葉子。貓咪可能吃1片就有危險了。記住也別讓貓咪接觸到同科的日日春或雞蛋花。

紅豆杉

Yew

學名	*Taxus* spp.
分類	紅豆杉科／紅豆杉屬
有毒的部分	果實除外的整顆植株

紅色果凍狀的假種皮帶甜味，有些人會拿來食用。不過裡頭的種子毒性強烈。名為「紫杉素」（Taxine）的生物鹼不僅會影響心臟，造成嘔吐等消化系統的症狀，還有可能使肌力衰退、瞳孔放大。重症時會呼吸困難、心律不整，甚至暴斃身亡。

蓖麻

Castor Bean

學名	*Ricinus communis*
分類	大戟科／蓖麻屬
有毒的部分	整棵植株。尤其是種子

從種子萃取出的「蓖麻子油」自古就被作為潤滑油、美容液或瀉藥使用，但蓖麻種子帶有劇毒，中型犬只要攝入1顆種子就會死亡。醣蛋白「蓖麻毒蛋白」（ricin）會破壞細胞。貓咪的話也可能出現發疳、痙攣、運動失調，甚至引發腎損傷。從誤食到出現徵兆大約會隔12小時～3天。

牽牛花

Morning Glory

學名　*Ipomoea nil*（牽牛花）、*Ipomoea tricolor*（三色牽牛花）等

分類　旋花科／番薯屬

危險指數

幼稚園或學校裡常種植牽牛花，但其實種子部位集中了大量的牽牛子苷（Pharbitin），屬於一種瀉藥成分，吃了之後會引起嘔吐。大量攝入還可能出現幻覺。

繡球花

（紫陽花）

Hydrangea

學名　*Hydrangea macrophylla* 等

分類　八仙花科／繡球屬

危險指數

毒素集中在葉子、根部、花蕊，誤食會引起上吐下瀉、腸胃炎。過去認為是成分中的氰化物導致中毒，但目前有其他的見解。過去也曾有過人們吃了裝飾料理的繡球花葉子後集體中毒的案例。

武竹

Asparagus Fern

學名　*Asparagus densiflorus* cv. *Sprengeri* 等

分類　天門冬科／天門冬屬

危險指數

觀葉植物的Asparagus sprengeri（武竹）相當受歡迎，不過，皮膚頻繁接觸後可能會出現過敏性皮膚炎，誤食果實則有上吐下瀉、腹痛的風險。

孤挺花

Amaryllis

學名　*Hippeastrum* spp.

分類　石蒜科／孤挺花屬

危險指數  

與紅花石蒜、水仙一樣，球根都集中帶有名為「石蒜鹼」（Lycorine）的生物鹼。會造成上吐下瀉、食慾不振、腹痛、過度換氣、抑鬱、顫抖等。

鳶尾的同類

（鳶尾花、花菖蒲、燕子花等）

Iris

學名　*Iris* spp. & hybrids

分類　鳶尾科／鳶尾屬

危險指數

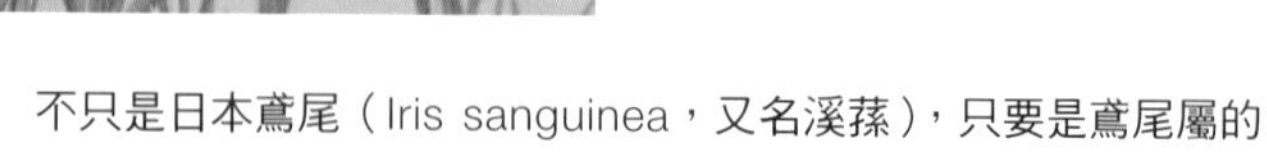

不只是日本鳶尾（Iris sanguinea，又名溪蓀），只要是鳶尾屬的植物，根莖部會集中高濃度的生物鹼「鳶尾甙元」（Irigenin），誤食將出現唾液過度分泌、上吐下瀉、沒有精神等症狀。

蘆薈

Aloe

學名　*Aloe arborescens*（木立蘆薈）、*Aloe vera*（純蘆薈）等

分類　黃脂木科／蘆薈屬

危險指數

蘆薈含瀉藥成分，會造成上吐下瀉、沒有精神。人們雖然拿來吃或當成軟膏使用，但美國動物毒物控制中心認為，無論是外皮或果肉都不建議用在貓咪身上。

印度橡膠樹的同類

（垂榕、印度橡膠樹等）

Figs

學名　*Ficus benjamina*（垂榕）、*Ficus elastica*（印度橡膠樹）等

分類　桑科／無花果屬（榕屬）

危險指數

無花果樹的同類，也是觀葉植物中，非常受歡迎的「橡膠樹」。乳液中含有「無花果蛋白酶」（Ficin）、「Ficusin」蛋白質分解酵素，以及具光毒性的　喃香豆素（Furocoumarin），可能會使腸胃或皮膚發炎。

紫茉莉

（又名白粉花、四點鐘花）

Four o'clock

學名　*Mirabilis jalapa*

分類　紫茉莉科／紫茉莉屬

會叫白粉花是因為黑色果實（種子）和根部帶有白粉，這些部位含有名為「葫蘆巴鹼」（Trigonelline）的生物鹼。吃了會出現上吐下瀉或神經方面的症狀。

康乃馨

（又名荷蘭石竹、麝香撫子）

Carnation

學名　*Dianthus caryophyllus*

分類　石竹科／石竹屬

危險指數 ●●

基本上都是葉子有毒，但成分不詳，會引起輕度消化道症狀或皮膚炎。母親節要送花的話，要注意別讓貓咪誤食了。→替代的贈花種類可參考P96

翡翠木

（又名花月、發財樹）

Jade Plant

學名　*Crassula ovata*
　　　(Crassula portulacea)

分類　景天科／青鎖龍屬

危險指數 ●●

主要會出現上吐下瀉、輕度腸胃炎。部分案例則曾出現沒有精神、運動失調、顫抖、心跳加快症狀。雖然貓咪對翡翠木會比狗狗來的更敏感，不過出現重症的情況非常少見。

桔梗

Balloon Flower

學名 *Platycodon grandiflorus*

分類 桔梗科／桔梗屬

危險指數 

主要廣泛分布於東南亞地區的多年生植物。人們會取「桔梗根」做成拌菜或生藥。整棵植株都含有皂苷，貓咪誤食可能會上吐下瀉、出現溶血反應。

菊科植物

（雛菊、瑪格麗特等）

Family Asteraceae

學名 *Family Asteraceae (Chrysanthemum spp. , Argyranthemum*等*)*

分類 菊科

危險指數 

成分中的「木香腦」(Alantolactone）會引起皮膚炎，也有研究指出，非常多種西洋菊對貓咪來說有毒。木香腦是菊科植物共通的成分，所以也要避免貓咪接觸日本菊。

虎尾蘭

（又名千歲蘭）

Mother-in-Law's Tongue

學名　*Sansevieria trifasciata*

分類　天門冬科／虎尾蘭屬

危險指數 🐱🐱

虎尾蘭被認為能夠淨化室內空氣，所以是很受歡迎的觀葉植物。不過成分中含有皂苷，貓咪吃了會上吐下瀉。

香豌豆

（又名麝香豌豆、花豌豆）

Sweet Pea

學名　*Lathyrus* spp.

分類　豆科／香豌豆屬

危險指數 🐱🐱

和紫藤同屬豆科植物，必須小心其中的毒素。整棵植株都含有「氨基丙腈」（Aminopropionitrile），又以果實、種子的含量特別高，會出現沒有精神、衰弱、顫抖、痙攣等症狀。

水仙

Narcissus

學名　*Narcissus* spp. & cvs.

分類　石蒜科／水仙屬

危險指數

整棵植株，尤其是球根處全含有「石蒜鹼」，會造成上吐下瀉。大量攝入甚至會引發痙攣、心律不整。人類如果將水仙葉誤當成韭菜、球根看成洋蔥吃下肚的話，也會出現食物中毒。

聖誕樹

English Holly

學名　*Ilex aquifolium*

分類　冬青科／冬青屬

危險指數 

冬青（Ilex）屬植物都有毒，觀賞用的聖誕樹也是其中之一。葉子與果實除了石蒜鹼，還含有其他具毒性的化合物，會引發唾液過度分泌、上吐下瀉、食慾不振等症狀。

天竺葵

Geranium

學名　*Pelargonium* spp.

分類　牻牛兒苗科／天竺葵屬

危險指數

一年四季都能欣賞到花朵顏色繽紛的天竺葵，卻可能會引起嘔吐、食慾不振、抑鬱、皮膚炎等症狀。也要多加留意其他同為天竺葵屬的植物。

香龍血樹

Dracaena

學名　*Dracaena* spp.

分類　龍舌蘭科／虎斑木屬

危險指數

香龍血樹中大約有50種較有人氣的觀葉植物。整棵植株都含有皂苷，貓咪吃了會瞳孔放大。另外也可能出現嘔吐（伴隨出血）、抑鬱、食慾不振、唾液過度分泌等症狀。

風信子

Hyacinth

學名 *Hyacinthus orientalis*

分類 天門冬科／風信子屬

危險指數

整棵植株都有毒，尤其是球根部分，跟水仙一樣都含有「石蒜鹼」，會造成嚴重嘔吐、腹瀉（可能會伴隨出血）、抑鬱、顫抖。

紫藤

Wisteria

學名 *Wisteria floribunda*

分類 豆科／紫藤屬

危險指數 

日本多半是指野田藤。整棵植株，尤其是果實和種子含有大量醣苷「wistarin」，將引起嘔吐（可能會伴隨出血）、腹瀉、抑鬱症狀。

聖誕紅

（又名猩猩木）

Poinsettia

學名　*Euphorbia pulcherrima*

分類　大戟科／大戟屬

危險指數 

耶誕季節會裝飾的植物。吃了的話，莖部及葉子的乳液會對嘴巴和胃造成刺激，甚至因此嘔吐。雖然一般都知道「聖誕紅對貓咪來說有毒」，但也有意見認為影響並沒有那麼嚴重*。

* Petra A. Volmer(APCC,2002) : *How dangerous are winter and spring holiday plants to pets?*

尤加利葉

Eucalyptus

學名　*Eucalyptus* spp.

分類　桃金孃科／桉屬

危險指數 

除了是常見的觀葉植物，也是很受歡迎的香氛種類，但是精油成分中的「桉油醇」(Eucalyptol) 有毒，症狀包含了上吐下瀉、抑鬱、衰弱等。

王蘭

（絲蘭）

Yucca

學名　*Yucca* spp.

分類　天門冬科／王蘭（絲蘭）屬

人稱「青年樹」的象腳王蘭（Yucca elephantipes）是非常受歡迎的觀葉植物。貓咪吃了可能會嘔吐。

另外還有很多書中未列出，但是人類吃了也可能中毒的植物（如毒芹Cicuta virosa、日本莨菪Scopolia japonica Maxim、日本馬桑Coriaria japonica、罌粟等）。就算沒有資料提到貓咪吃了後中毒，但各位務必記住「身體比人類嬌小的貓咪如果吃了對人有害的植物，絕對不可能平安無事」，所以要避免貓咪誤食的情況發生。

各位可從厚生勞動省網站「自然毒のリスクプロファイル（自然界之毒風險檔案）」，查詢日本國內曾發生過哪些植物性的自然界之毒（蕈類、維管束植物）造成人類中毒。

— COLUMN —

前面看了很多有危險的植物。那麼…

有沒有對貓咪來說是「安全的」植物呢？

目前已有許多新得知的室內觀賞植物相關中毒資訊或報告，所以就算是現在還尚未掌握有無毒性的植物，在未來也可能會從新發生的中毒意外中，了解到該植物其實有毒。不過，如果是真的為愛貓著想，最好的方法會是「貓咪居住的房間不要插花或擺放任何觀葉植物」。

話雖如此，主人可能還是會想要為其他死去的愛貓獻花供奉，參加送別會或慶祝活動也有可能收到花束，所以真的要做到完全不擺花卉植物實在有難度。不過，美國動物毒物控制中心的專欄以「母親節花束」為主題，列舉出一些寵物家庭可以擺放的植物，供各位參考。

- 玫瑰（*Rosa* sp.）
- 非洲菊（*Gebera jamesonii*）
- 向日葵（*Helianthus* sp.）
- 蘭花（*Cymbidium, Dendrobium, Oncidium, Phalaenopsis* sp.）
- 金魚草（*Antirrhinum majus*）
- 小蒼蘭（*Freesia corymbosa*）
- 星辰花（*Limonium* sp.、*Limonium leptostachyum*）
- 非洲茉莉（*Stephanotis* sp.）
- 紫羅蘭（*Matthiola incana*）
- 蠟花（*Etlingera cevuga*）
- 洋桔梗（*Eustoma grandiflora*）

＊引用資料：APCC (2020)：*Mother's Day Bouquets: What's Safe for Pets?*

這些被描述為引起輕微的腸胃不適，比起「安全」，似乎是「較難產生影響的花」。即使中毒風險小，但以玫瑰來說，仍舊要擔心貓咪會被尖刺刺傷。如果貓咪看似對玫瑰有興趣，就該避免愛貓有接觸的機會。

會讓貓咪「上癮」的植物？

即便是貓咪普遍喜愛的貓草、木天蓼及貓薄荷，給予方式錯誤或貓咪體質不適合的話，還是會讓愛貓不舒服的呦。

●貓草

燕麥、小麥、大麥等，貓咪喜愛的禾本科穀物嫩葉。只要貓咪喜歡，基本上餵食沒有問題，但如果一口氣吃太多，可能會消化不良。如果愛貓很貪吃，建議取少量剪小塊後再餵食。

●木天蓼（*Actinidia polygama*）

有報告指出，對貓薄荷無感的貓咪中，75％會對木天蓼產生反應。木天蓼有強烈的興奮作用，甚至會使貓咪出現攻擊行為或呼吸困難，所以剛開始請先取極少量的粉末，讓貓咪試聞看看。萬一貓咪吃下整顆木天蓼果實，果實會在胃裡膨脹，嚴重甚至可能因此腸阻塞，另外，吃下整塊木天蓼片也非常危險。

●貓薄荷（*Nepeta cataria*）

有些貓咪吃了貓薄荷可能會變得冷靜，有些則會開始興奮，卻也有些貓咪會上吐下瀉。隸屬美國獸醫師協會的貓醫院獸醫師建議，「每2～3週給個1次貓薄荷作為特別獎勵即可」。

＊以上之參考資料：Sebastiaan Bol等(2017)：*Responsiveness of cats to silver vine, Tatarian honeysuckle, valerian and catnip*、Jon Patch (2012)：*AVMA's latest podcast addresses cats' love for Nepeta cataria*

3 貓咪吃了會有危險的居家用品｜誤食篇

以前的人養貓，貓咪能夠自由進出家中與戶外，
逐漸變成現在的完全室內飼養。
說到家貓容易誤食的東西，
當然就是人們會在家中使用，隨手就可取得的物品了。
生活愈趨便利的同時，人們會使用的物品也跟著變化，
當中包含了出現不曾見過，或是新素材製成的物品，
因此貓咪會誤食的東西也跟著改變。

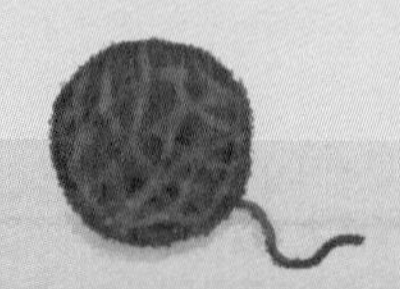

避免貓咪誤食的基本對策

- 東西能收起來就收起來。放在貓咪不會輕易打開，附蓋或附鎖的容器中才安心。
- 蹲低身子，用「貓咪的視角」確認室內有無掉落貓主子容易誤食的東西，同時盡量不要讓貓咪有對異物產生興趣的機會。
- 若貓咪會對異物「執著地啃咬、舔食」或「吃到停不下來」，就要尋求獸醫師或行為治療專科醫師的協助。

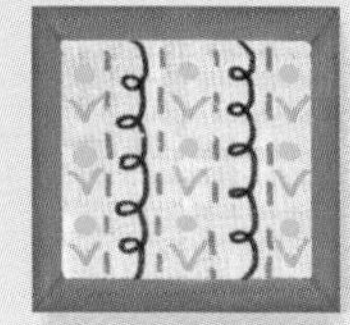

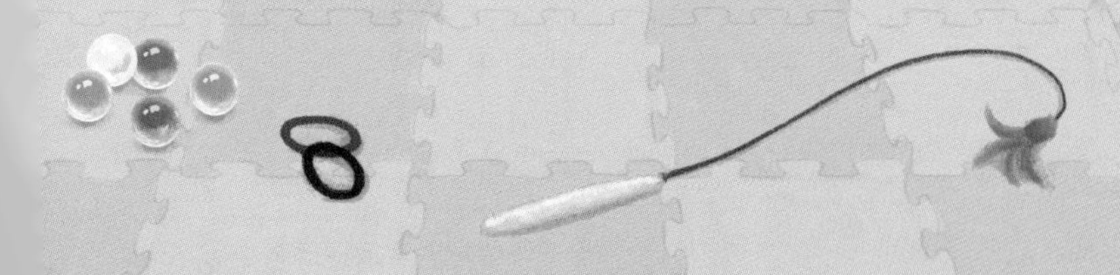

危險指數 ✖✖ 說明

若是容易造成腸阻塞、臟器穿孔等嚴重症狀之異物，會列最高危險指數 ✖✖ ✖✖ ✖✖。判斷憑據包含了事故報告數多寡、貓咪對該物品是否容易陷入執著、貓咪是否容易誤食等項目。

巧拼

Joint Mat

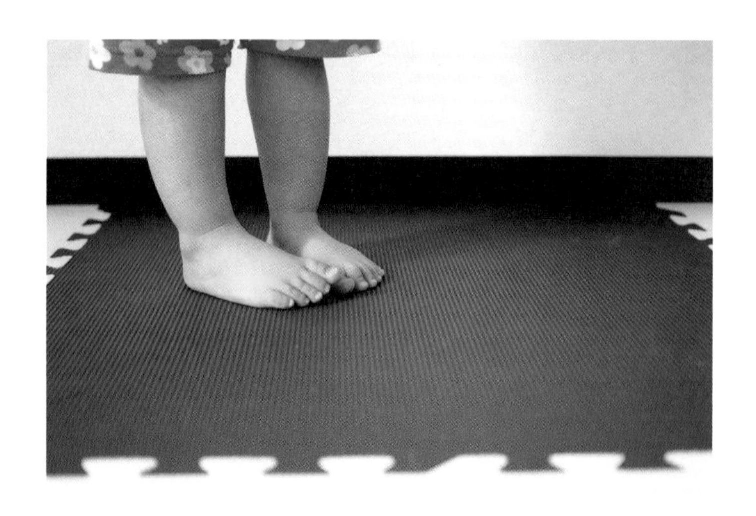

危險指數

經常誤食！
巧拼帶有彈性，
容易造成阻塞

我們能將正方形的巧拼一塊塊拼組起來，鋪在地板作為地墊。屋內鋪放巧拼不僅能預防受傷，還能降低蹦蹦跳跳時發出的聲音，所以相當常見於家中有小孩的家庭。無論是居家修繕中心或家飾店都能買到巧拼，不過貓咪誤食的情況也跟著變多。「我們醫院也多了很多貓咪啃咬巧拼還吞下肚，結果必須剖腹取出的案例」（服部醫生）。

巧拼會那麼危險是因為它本身帶有彈性。巧拼是用聚乙烯、軟木、EVA樹脂等材料製成，將這些材質吞下肚的話，可能會剛好卡住食道或腸道，害貓咪吐不出來也拉不出來，結果造成阻塞。尤其是單片巧拼的邊緣凹凹凸凸，這樣的形狀貓咪最方便啃，所以鋪放巧拼時要做好收邊。如果這樣貓咪還是對巧拼有興趣，且留下啃咬痕跡時，就要停止使用巧拼。若考量家人安全，還是必須鋪放東西時，建議換成貓咪不感興趣的鋪墊（例：拼接地墊、防潑水地毯等），或在巧拼上面放層遮蓋物。

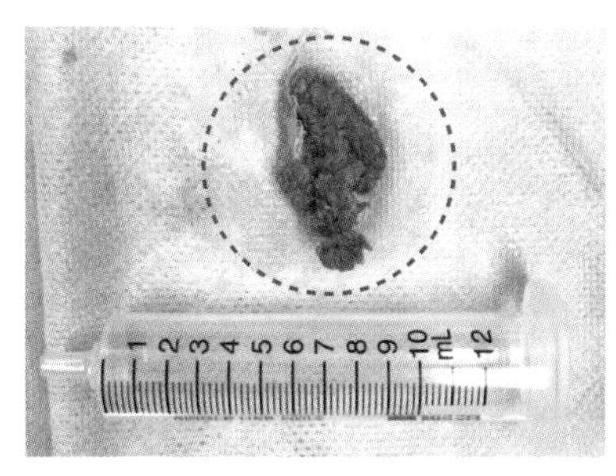

巧拼碎塊阻塞腸道，只好剖腹取出。誤食可能會出現嘔吐、沒有精神等症狀。

貓用玩具

Cat Toys

危險指數

一口直接吞下老鼠玩具
的情節再常見不過了

好奇心旺盛的年輕貓咪非常容易誤食貓用玩具。除了要注意人工材質的玩具外，用兔子或鳥等動物的獸毛、羽毛製成的玩具也很容易讓貓咪啃到渾然忘我，誤食小型的老鼠玩具更是常見戲碼。就像野貓會吃小動物一樣，家貓也是會一口氣吞下玩具，結果造成腸阻塞。

如果是咬成小塊再吞下肚，玩具還有機會跟著糞便一起排出，但實際上也要看誤食量及玩具材質。曾有貓咪連同玩具的塑膠把手整個吞下肚，結果卡在腸道中。萬一玩具的繩子滯留腸道，還有可能造成組織壞死，非常危險。→其他繩類請參照P106

建議主人觀察「貓咪玩的時候會不會吃玩具？」、「玩完後玩具有沒有缺角？」，若有發現啃食痕跡，就要換成不同類型的玩具。正因為貓咪喜歡啃咬玩具，所以愛貓不玩的時候，就該把玩具收起，會比較放心。

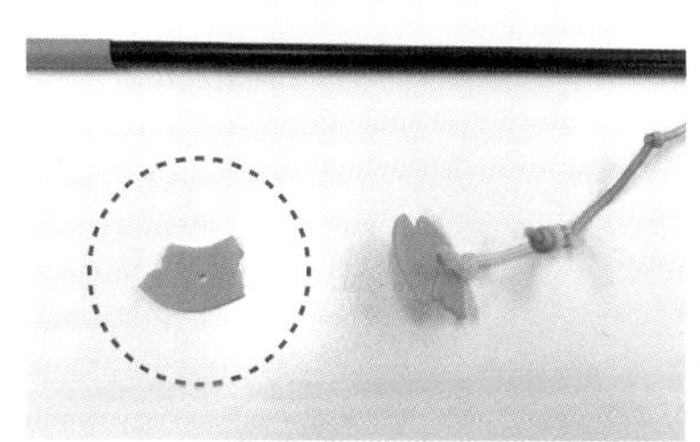

貓用玩具。貓咪誤食了左下方的矽膠碎塊。碎塊卡在胃裡，最後是用內視鏡取出。

鈕扣電池

Button & Coin Cell Batteries

危險指數 ××　××　××

會融掉胃壁，甚至引發重症

電動貓用玩具、時鐘、計時器、LED燈這類身邊常見的物品都會用到鈕扣電池。我們常見小孩誤食鈕扣電池的意外，嚴重時甚至危及性命，因此日本消費者廳與毒物資訊中心（JPIC）都會積極呼籲要多加留意。貓咪誤食也非常危險。就算只是短時間停留在食道或胃壁，一旦電池放電就會融掉組織，引發重症。所以發現貓咪誤食電池的話，請「不要遲疑，立刻送醫」。

如何預防誤食＆引起重症

- 勿將能輕易拆下電池的物品放置地上。
- 關好電池蓋、確實鎖緊螺絲。
- 別在貓咪面前換電池。
- 將使用過的電池正負極貼上膠帶。

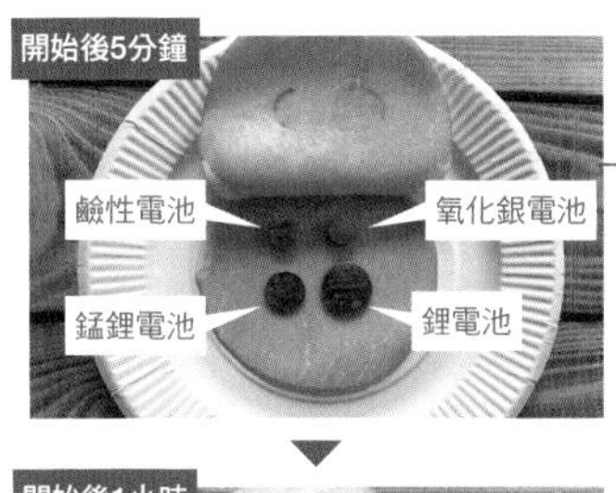

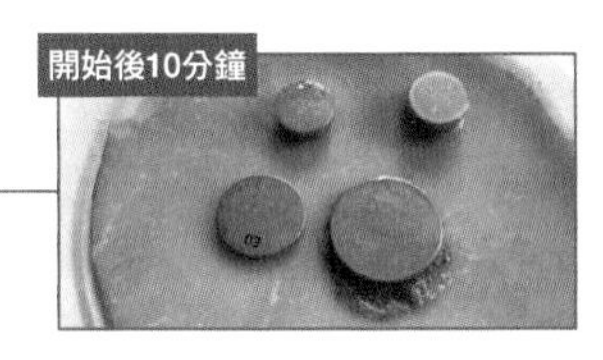

將鈕扣電池夾入火腿中，確認電池放電的影響

用火腿包住4種不同類型的鈕扣電池，驗證放電帶來的影響。火腿在開始5分鐘後出現黑斑，鋰電池更是在開始10分鐘後冒泡，產生強烈化學反應（上方照片）。無論是哪一款電池，正極或負極都有出現燒焦變色的模樣。

繩狀物

String-Shaped Objects

危險指數

貓狗誤食排行榜之冠，致死率也是最高

細長的繩狀物卡在腸道的話，將會使組織壞死，還有致命風險。有問卷調查*指出，繩子是貓狗最容易誤食的東西，受訪的172位獸醫師中，有27人還曾遇過貓狗因此死亡的案例。

繩子的形狀與模樣會撩起貓咪的狩獵本能。如果家中愛貓對繩狀物很有興趣，主人就要確實收好。沙發或貓跳台若有脫線也要做適當處置。

＊アニコムホールディングス2011年對獸醫師進行的問卷調查。暫定致死率為18%〈看診對象因此死亡之異物(27)/看診對象有誤食經驗之異物(150)×100〉

需特別注意的繩類範例

- 罩衫、毛衣線繩：「和主人玩耍時，可能會玩到太興奮而誤食」、「這種線繩較粗」、「前端的打結處容易卡在腸道」，充滿非常多危險要素。
- 塑膠繩、包裝緞帶：強韌不易斷掉，容易一整條直達腸道，甚至造成腸痙攣。
- 捆火腿用棉繩：帶有氣味，容易一口氣吞下肚。

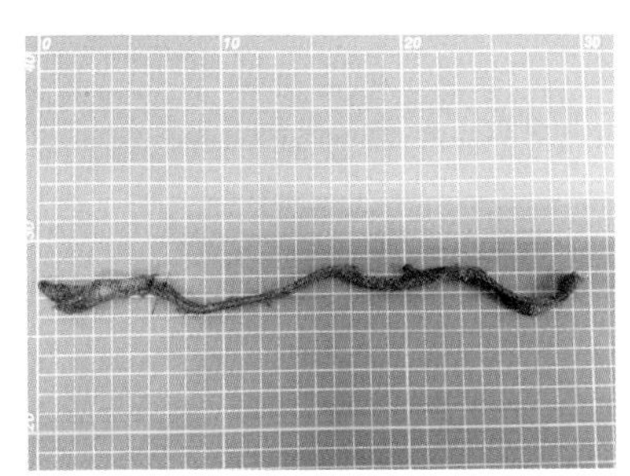

貓咪誤食的罩衫線繩。卡在腸道中，只好剖腹取出。

針、圖釘

Needles, Thumbtack

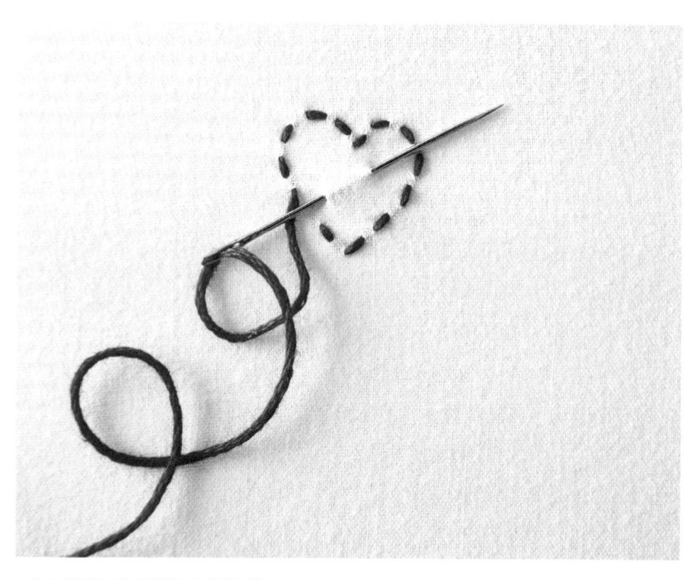

縫針上的線會纏繞住舌頭，甚至因拉扯裂開

針、圖釘這類大小的物品很容易直接入口，而且還存在「無法消化」、「尖銳處可能刺傷口腔內部、消化道或腸胃」等多重風險，所以未使用的時候建議收進裁縫箱或工具盒內，勿讓貓咪擅自取玩。

尤其是下述的針類貓咪特別容易感興趣，切記別讓愛貓有機會接觸。

需特別小心的針類範例

- 裁縫用針：曾出現「貓咪會對穿針的縫線感興趣」→「吃進嘴巴時，縫線卡在舌頭的倒刺上」→「縫針插在嘴巴裡，或是連同針線整個吞下肚」的情況。新冠疫情升溫，不少人會在家手作布口罩，便有報告提到貓咪因此誤食縫針的意外。
- 魚鉤：魚鉤上的味道會吸引貓咪舔食，因此扎傷舌頭或口腔。

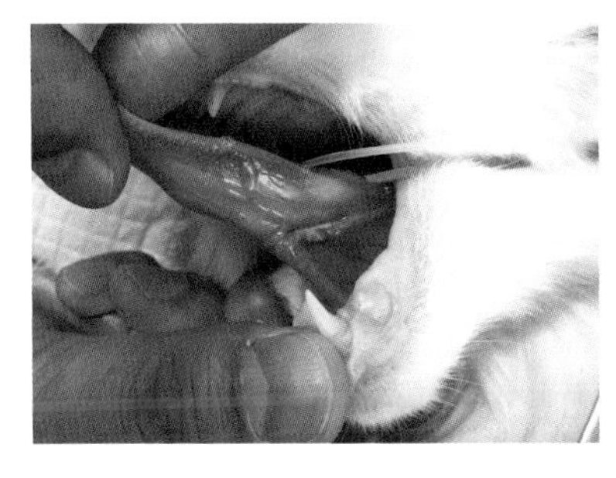

貓咪誤食縫線，結果線捆繞住舌頭。雖然沒有誤食縫針，但仍需全身麻醉，將縫線取出（貓咪誤食針的照片→P18）。

圓形小物

（鈴鐺、彈珠、鈕扣、硬幣等）

Round & Small Objects

危險指數

直徑超過1cm的「圓形物」容易造成腸阻塞

3歲幼童口腔最大口徑約39mm，到喉嚨的深度則為51mm左右，所以很容易誤食比上述尺寸還要小的異物*。貓咪雖然較少因為異物卡在喉嚨造成窒息，但以腸道直徑來看，只要吞嚥直徑超過1cm的球形物，就有可能出現腸阻塞。

最常見的情況就屬誤食項圈或玩具鈴鐺。如果沒有什麼特殊目的或情況（像是讓眼力變差的老人家能知道愛貓跑去哪裡），其實貓咪的項圈不需要繫上鈴鐺。貓咪從小就繫鈴鐺的話或許會習慣鈴鐺聲，但貓咪聽覺敏銳，如果身上一直發出聲響的話，很可能會造成某些貓咪極大的壓力，所以建議使用前先拆掉鈴鐺。

不只是彈珠等球狀物，也要注意鈕扣、硬幣以及形狀圓扁的象棋、圍棋等圓形物體。既然這些物品都有可能造成孩童窒息意外，就必須有「對貓咪而言也會造成風險」的觀念。

＊參考日本媽媽手冊「誤食風險確認量具」

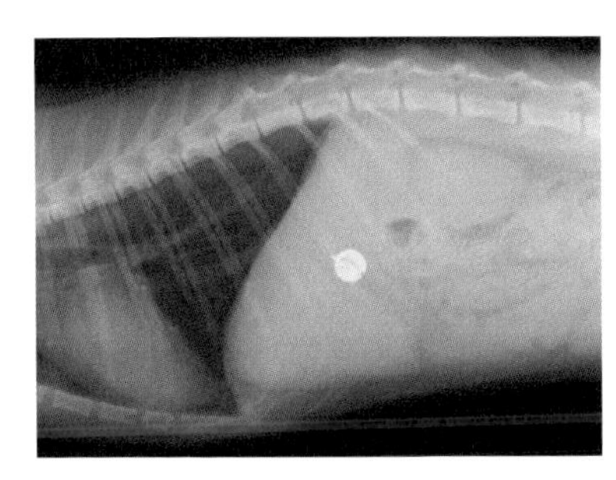

留在貓咪胃裡的項圈鈴鐺，須靠剖腹手術取出。

穿刺食物的材料

（牙籤、竹籤等）

Food Sticks

危險指數 ××××～

貓咪跟著食物一起吃下肚，前端的尖刺可能傷及消化器官

如果是對於吃很執著的貓咪，很可能會因為材料上殘留食物的氣味，進而將固定火腿、前菜的牙籤，或是燒烤、關東煮會用到的竹籤吃下肚。甚至有貓咪曾連同食物一口將牙籤或竹籤吞進肚子裡，所以務必留意貓咪的一舉一動。

牙籤和竹籤前端的尖刺可能會刺破口腔，損害黏膜，甚至傷及食道或腸胃。

「異物可能會使消化器官穿孔，但基本上不會一直卡在身體裡」（服部醫生）。話雖如此，如果貓咪咬不碎，將整條異物吞下肚，或是塑膠材質異物，還是有可能卡在體內無法排泄，這時就必須剖腹取出。

飼主們切記不要將這類尖刺物丟在廚房水槽的三角廚餘桶，而是改丟入有蓋子的垃圾桶中（下圖為真實案例）。

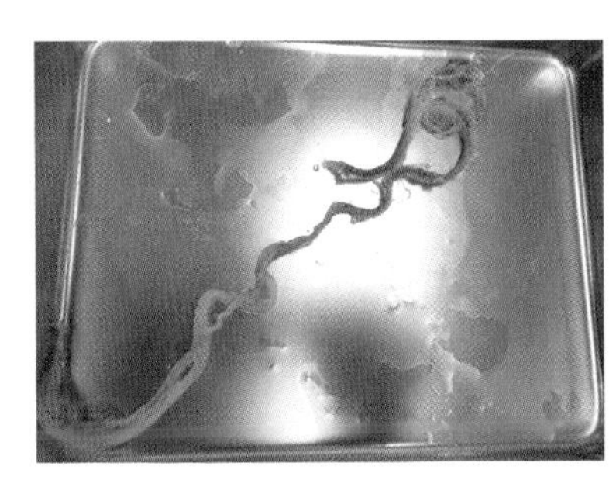

這是貓咪剖腹從腸道取出，套在三角廚餘桶的濾網。裡頭留有廚餘的話，貓兒就有可能連同網子全吃下肚。

布製品

Fabric Products

凡舉人們用過的布製品，只要留有味道都會引起貓咪的興趣

貓咪有時會啃咬甚至吞食毛衣等毛織品。此問題行為屬於一種異食癖，會習慣性攝取食物以外的物品，又名「咬毛織品症」，較常見於出生後就與貓媽媽分離，較早斷奶的貓兒以及暹羅貓身上，但目前尚未掌握具體原因。

除了毛織品，貓咪也很常誤食其他布製品，尤其是帶有主人皮脂氣味的衣物等布製品，所以各位要收好脫下的襪子、使用完的毛巾、浴室地墊等。「曾發生過貓咪吃掉吊帶背心的細肩帶，甚至是眼鏡擦拭布，只好開刀取出的案例」（服部醫生）。

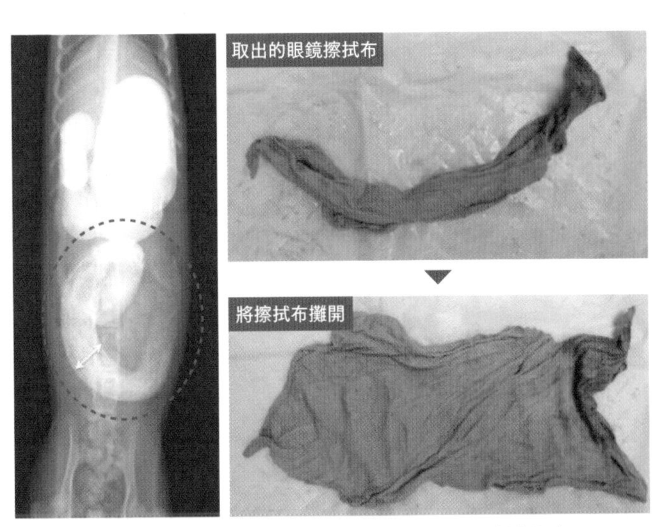

貓咪將整條眼鏡擦拭布吞下肚，結果卡在腸道裡，最後只好剖腹取出。

口罩

Mask

危險指數 ✕✕ ✕✕ ✕✕

用來預防感染的隨身物品，
貓咪卻有可能誤食造成腸阻塞

受到新冠肺炎傳播加劇的影響，口罩已成了寵物飼主身上必備的物品，卻也因此常發生貓狗誤食的情況。「日本國內疫情開始傳播以來，有貓咪曾因口罩卡腸道，半年內就動了2次剖腹手術的案例」（服部醫生）。

口罩會緊貼口腔，容易附著主人的唾液和皮膚氣味，引起貓兒的興趣。貓咪還有對掛在耳朵的口罩繩感興趣，甚至直接吃下肚。另外，貓咪舌頭上的倒刺也會勾住不織布材質的拋棄式口罩，貓兒在甩不掉的情況下可能會乾脆吃掉。如果發現貓咪對口罩有興趣，就該避免隨處放置。

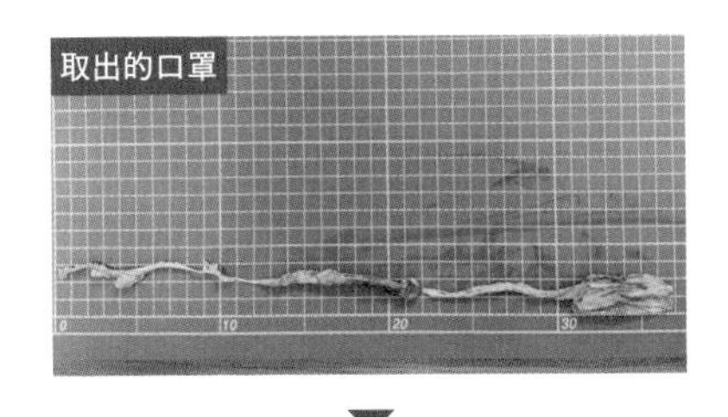

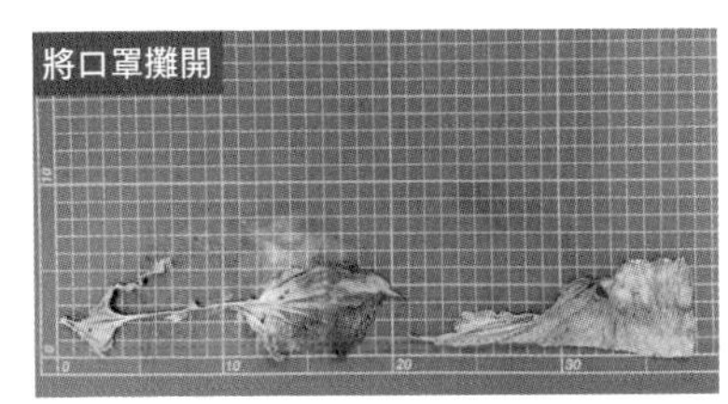

貓咪誤食孩童用的不織布口罩，造成腸阻塞，最後是開刀將口罩取出。整個口罩已變成細條狀，口罩繩甚至還打結。

髮圈、橡皮筋

Hair Tie, Rubber Bands

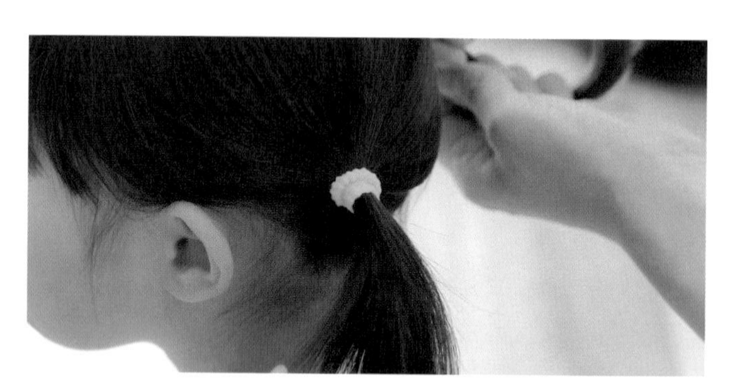

綁頭髮的髮圈
大條橡皮筋都很危險

危險指數 

髮圈、大條橡皮筋危險指數 

橡皮筋是貓咪最常誤食的日常用品，如果是直徑4cm，辦公或廚房常用的一般尺寸橡皮筋，基本上會跟著糞便一起排出。

要特別留意這些橡皮筋

- 大條橡皮筋：不容易斷的業務用橡皮筋進入消化系統後，可能會慢慢捲成球狀，造成阻塞。
- 髮圈：有些貓咪可能因為喜歡飼主頭髮的味道，刻意啃咬髮圈。「曾發生過貓咪吞下纏著長髮的髮圈後，髮圈卡在腸道，只好剖腹取出的案例」（服部醫生）。

食物包裝

Food Packaging

最常出問題的就是火腿腸包裝膜

火腿或培根的包裝膜、魚肉類生鮮托盤、裝過小魚乾或貓用點心的袋子，貓咪很容易因為上頭附著的味道誤食。如果包裝物裡還有食物，貓咪肯定會一口氣大量吃下肚，就很有可能刺激胃部，出現嘔吐等症狀，或是卡在腸道。飼主務必將這類物品放在貓咪無法打開的櫃子，垃圾則是要丟入有蓋子的垃圾桶。

「看診時最常遇到的就是誤食火腿腸包裝膜」（服部醫生）。若材質本身具伸縮性，或是不易撕裂開來，貓咪就很難咬碎，只要是細長物品就會整個吞下肚，最後卡在腸道裡。兩端還有金屬環密封的火腿腸更是危險。

塑膠袋

Plastic Bag

要特別注意性格執著，會不停舔咬塑膠袋的貓咪

碰到塑膠袋時發出的沙沙聲響會激起貓咪的好奇心。牠們會以為是老鼠或其他小動物，接著飛撲過去，也可能受捕捉巢穴獵物的天性使然，鑽到塑膠袋裡，或是在玩樂過程中啃咬袋子。

除了發揮狩獵本能的貓兒外，有些貓咪甚至會非常固執地不斷舔、啃塑膠袋。有人認為，此行為是貓咪為了刺激腸胃，將毛球吐出，但仍尚未釐清確切原因。如果只是少量的塑膠袋碎屑，基本上會跟著糞便一起排出，萬一誤食量大，或塑膠袋材質較硬，就不易排出，甚至造成嘔吐、腹瀉，還有腸阻塞的風險。

矽膠、塑膠製品

Silicone & Plastic Products

矽膠製品可能會被貓咪一口氣吃下肚

手機殼、可以當作保鮮膜使用的矽膠保鮮蓋、可折疊收起的烹調器具、杯子等等……最近我們身邊多了不少重量輕又耐用的矽膠製品。矽膠材質柔軟，貓咪可以用牙齒咬碎，所以很有可能一口氣全吃下肚。甚至有貓咪曾把裝在耳機上的矽膠保護套整顆吞入。

另外，貓咪也很愛啃咬較硬的塑膠類製品。無論是矽膠或塑膠材質都不易排出體外，這時就會滯留腸道。貓咪食器也有塑膠製產品，但這類材質刮到受損時就很容易繁殖細菌，以衛生的角度會建議使用陶製食器（不鏽鋼材質到了冬天會變得很冰冷，須特別留意）。

充電線、耳機

Charging Cable, Earphones

線材細又軟，咬斷裡頭的銅線也不是問題

危險指數  ～

充電中的危險指數 

隨著手機、平板、充電器、藍牙耳機、鍵盤這些充電式電子產品的普及，也讓「貓咪因為誤食充電線上醫院就診的案例增加」（服部醫生）。充電線比一般電線更細更軟，所以貓咪不僅能咬破外面的包覆材質，甚至能啃斷裡頭的銅線，使充電線損毀。耳機線啃咬起來的口感與充電線相近，同樣要多加留意。

萬一貓咪咬到手機充電線裡的銅線，還有可能因此觸電，建議纏繞保護套避免貓咪直接啃咬，若發現銅線裸露就要立即汰換。→觸電意外參照P155

紙類

Paper Products

不易咬爛的紙類有可能引發腸阻塞

危險指數  ～

濕紙巾危險指數 

從面紙盒取出的面紙、飼主的筆記本、書本，甚至是紙箱等「紙」製品對貓咪來說，只要誤食量不大，基本上都能排泄出來，所以無須太過擔心。

但是，濕紙巾不易咬爛，還很容易卡在貓咪舌頭的倒刺上，這時貓咪就會整張吞進肚子裡，甚至造成腸阻塞。

再加上為了預防疫情，我們經常會使用含酒精成分的濕紙巾。這都有可能引發中毒，所以要避免貓咪誤食。

貓砂

Cat Sand

有些貓咪會把
貓砂當成食物
吃得津津有味

危險指數 

或許是因為貓砂顆粒大小和口感很像貓糧，有些貓咪會吃貓砂。攝取分量太多就會囤積在腸道，若發現貓咪有吃貓砂的行為，就要換成不同的貓砂種類。

「壓力、營養不足、感染寄生蟲、惡性腫瘤等因素都有可能讓貓咪出現吃貓砂的異食癖行為」（服部醫生）。

要注意別讓貓咪誤食的貓砂材質

- 豆腐砂：可能是因為有食物氣味，不少貓咪都會刻意去吃。「曾經從經常吃豆腐砂的貓咪膀胱取出含有矽的結石，但無法斷定是因為吃豆腐砂造成結石」（服部醫生）。
- 紙砂：會吸水，容易在胃腸裡膨脹造成阻塞。

長毛品種的貓毛

Long-Haired Cat's Hair

疏於理毛可能會造成腸阻塞

危險指數 

貓舌頭上的倒刺（絲狀乳頭）就像梳子一樣，能讓貓咪清理自己的外貌，但也因為倒刺形狀特殊，使得貓咪很容易吞入自己或其他同住貓兒的掉毛。如果貓咪是長毛品種，一旦吞入量較多就會囤在腸胃裡，變成毛球後就難以吐出，最終引發腸阻塞。短毛品種的貓毛雖然不太會造成阻塞，但仍有可能造成腸胃問題。

最好的預防方式為經常用毛梳理毛，減少貓咪的吞入量。容易誤吞貓毛造成阻塞的貓咪則可以依照獸醫師的指導，給予照護消化器官的飲食療法，或是餵食能改善毛球囤積的保健食品。

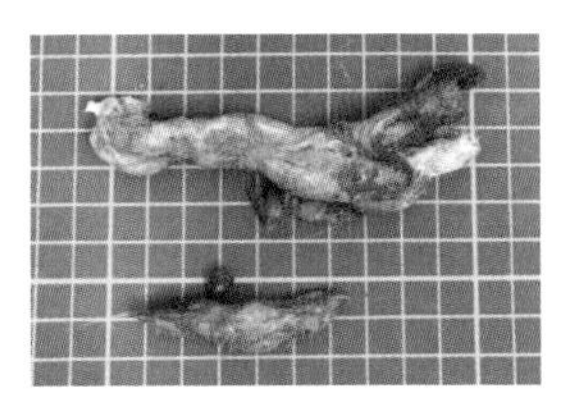

留在胃裡的長毛品種貓毛

貓咪吃了會有危險的居家用品｜中毒篇

醫藥品或保健食品對人類健康有益，
但對於身形嬌小的貓咪來說，一點點分量就會帶來「毒害」。
在我們居住生活的家中，
還有其他很多內含化學物質的製品。
像是疫情流行當下使用頻率很高的消毒劑，以及防蟲用品等……。
這些物品可能會使貓咪中毒甚至喪命，
所以務必妥善存放。

避免貓咪誤食的基本對策

- 針對內含化學物質的產品事先調查成分，除生活必需品外，盡量避免使用高中毒風險的物品。
- 能收好的物品一定要收好，避免貓咪誤舔可能引發中毒的液體，也別讓液體沾附在貓咪腳底或身上。
- 放置型的殺鼠劑和殺蟲劑一定要放在可關上的門片內側，確保貓咪不會接觸到。

危險指數 說明

若是會出現中毒症狀，甚至帶來生命危險的物品，會列最高危險指數。判斷憑據包含了意外報告數多寡、貓咪對該物品是否容易陷入執著等項目。

舊款保冷劑、抗凍劑

（乙二醇）

Old Refrigerant, Antifreeze

危險指數 ×××

貓咪乙二醇中毒的致死率很高

「乙二醇」（ethylene glycol）是汽車引擎抗凍劑的主要成分。曾有調查發現，這是貓狗中毒案件中，有著最高暫定致死率的項目*。受肝臟中酵素氧化作用的影響，乙二醇會形成草酸，與血液中的鈣結合，變成「草酸鈣」，進而引發急性腎損傷。乙二醇對貓咪的影響會比狗狗還要劇烈，症狀惡化速度也很快。致死量參考值為每kg體重1.5mℓ（另有研究結果為1mℓ/kg）**，只要一點點分量就會危及性命。

＊アニコムホールディングス2011年對獸醫師進行的問卷調查。暫定致死率為58%〈看診對象因此死亡之異物(28)/看診對象有誤食經驗之異物(48)×100〉
＊＊資料來源：Nicola Bates(Feline Focus 1(11)/ISFM)：Ethylene glycol poisoning

保冷劑已不再那麼危險

乙二醇原本也會用在軟式保冷劑中，但近期因為安全考量已相當少見。詢問「日本保冷劑工業會（JCMA）」，該會回應目前日本國內7間會員業者（アイスジャパン、エイト、トライ　カンパニー、三重化學工業、博洋、九州アプトン、鳥繁產業）皆未使用乙二醇作為保冷劑材料。

「印有本會認定標章的保冷劑，皆是根據JCMA訂定的自主規範規格所製造之保冷劑，保證安全，可以放心使用」、「內容物主要成分的膠狀物質是由98％的水及1％的吸水性樹脂製成。所謂『吸水性樹脂』就是紙尿褲或衛生棉會用到的白色粉末材質，就算人類誤食，人體也不會吸收，會直接排出體外。貓咪的話，只要不是大量攝取，基本上不會有安全上的疑慮」（日本保冷劑工業會事務局客服人員）。

接續下頁

然而，並非所有產品都是安全的

就算是日本製保冷劑，還是有些產品並未具體列出材料成分，所以無法百分之百保證「流通於日本國內的產品皆未使用乙二醇」。部分飼主家中的冰箱可能也有凍了很久，長期反覆使用的保冷劑，針對這些原料不明的產品都應避免使用才安心。「我曾在10年前從國外購買螃蟹，裡頭附有保冷劑，翻譯後發現成分中含乙二醇」（服部醫生）。

也要避免貓咪誤食丙二醇

順帶一提，有些質地柔軟的冰枕會使用「丙二醇」（propylene glycol）。丙二醇其實也會作為食品添加物使用，並不像乙二醇一樣有劇毒。然而，以寵物食品安全法為依據的省令基準規定，貓食禁用丙二醇（狗食未禁止），貓咪攝取丙二醇的話，很有可能使血球中的海因茲小體增加、紅血球數改變，因此飼主必須做到下述幾件事情，如「對於有啃咬癖的貓咪勿使用軟式保冷劑」、「以毛巾確實包裹後再使用」等。

夏天外出移動時，若要將保冷劑放在外出籠中降溫，預防寵物中暑，務必裹上毛巾後再使用，避免貓咪啃咬，或是直接接觸造成過冷。

藥物

Medical Supplies

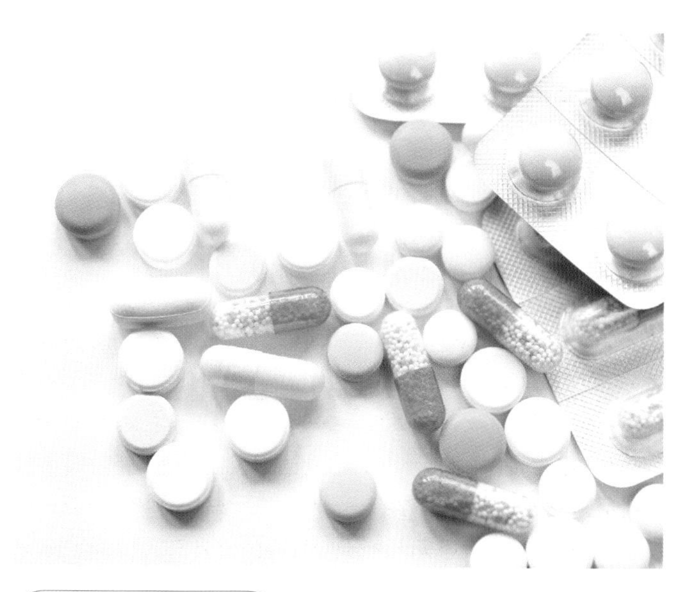

危險指數 🐱🐱🐱

常見藥物導致的中毒意外，甚至危及性命

解說請見下頁

雖然動物醫院開給貓咪的部分處方用藥可見於人類服用的藥單中，但若未能遵照適合貓咪的用法、用量，隨性餵食的話，貓咪可能會因此中毒。另外，就算是正確服用就沒問題的人類用藥，也不代表能直接套用在貓咪身上，因為裡頭的成分可能對貓有害。

其實參照下面多份報告，便可得知藥物是造成寵物中毒相當常見的原因。

日本國內外因藥物導致中毒的主要報告

▼2019年，日本毒物資訊中心接獲與動物中毒相關的諮詢件數

	一般市民諮詢	醫療機構諮詢	合計
醫療藥物	34	27	61(15.1%)
一般藥物	16	5	22(5.4%)
藥物合計	50	32	83(20.5%)

（合計中包含了其他管道的諮詢。%為404件動物中毒諮詢案件中分別的占比）

▼Anicom Holdings 2011年對172位獸醫師進行了問卷調查，當中對於因「人用藥物」中毒之看診經驗

- 「曾有相關看診經驗」… 150人（占整體87%）
- 「曾有因攝取藥物導致寵物死亡之看診經驗」… 16人

▼2019年，美國毒物控制中心蒐集到的寵物中毒通報件數排行榜

- 第1名：市售成藥（占通報件數19.7%）
- 第2名：人類處方用藥（占通報件數17.2%）

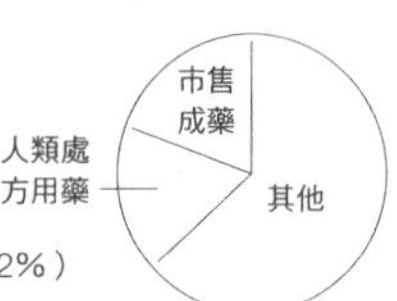

常見的市售退燒藥及止痛藥對貓咪來說都是劇毒

中樞神經抑制劑、荷爾蒙類藥物、抗菌藥物等所有藥物都會造成中毒。今後或許會有更新的資訊，讓我們能進一步掌握貓咪攝

取哪些成分及多少分量，就會對身體造成危害，但現階段要請飼主們特別留意含有「乙醯胺酚」(Acetaminophen)、「布洛芬」(Ibuprofen)的退燒藥或止痛藥。一旦貓咪誤食，即便只是1顆的分量也會引起嚴重中毒症狀，尤其是乙醯胺酚，不僅會造成貧血與血尿，貓咪更會在18～36小時內喪命。

使用處方藥物一定要遵照獸醫師指示

美國毒物控制中心有提到，容易造成貓咪中毒的藥物包含了「Fluoroquinolones 類抗生素」、「Diphenhydramine(抗組織胺藥物)」、「Amitriptyline、Mirtazapine(抗憂鬱藥物)」等。「其中，Fluoroquinolones 類抗生素是常用在貓咪身上的藥物。使用藥物本身並無問題，但若用藥過量可能會造成失明。如果飼主擅自將以前開給貓咪的藥物，改讓其他同住貓咪服用，就很有可能害牠中毒。Diphenhydramine、Amitriptyline、Mirtazapine也都是會開給貓咪的藥物，只要用法與用量正確，就沒問題」(服部醫生)。

＊APCC : Most Common Causes of Toxin Seizures in Cats參考。

即便是藥效緩和的中藥，也不能自己當醫生亂給藥

中藥也有中毒的風險，像是葛根湯、番瀉葉、高麗參等人常服用的藥物都須特別留意。或許會有人覺得「中藥藥效緩和，應該可以給貓咪服用」，但無論何種藥物，只要用量錯誤就會引發中毒，因此在沒有獸醫師指示的情況下，切勿自行餵貓咪吃藥。

α硫辛酸保健食品

Alpha Lipoic Acid Supplements

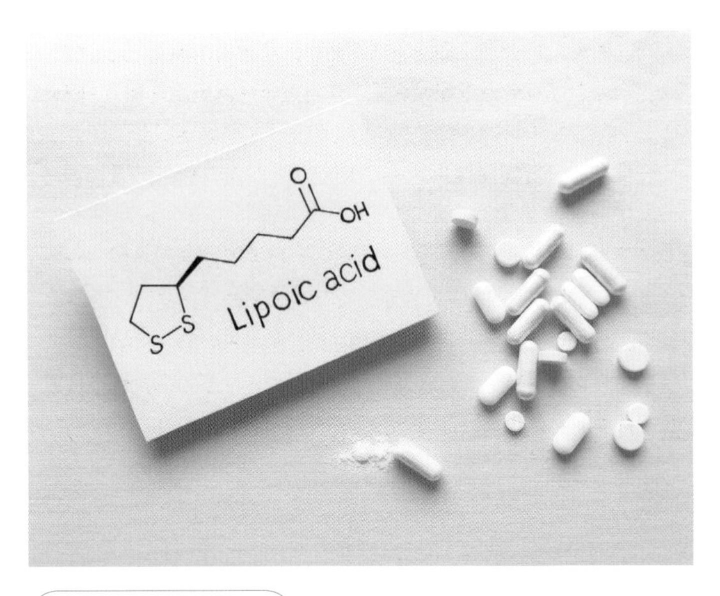

危險指數 ●●●

對貓咪來說是「劇毒」，還有可能致死的保健食品

有些保健食品對人類來說或許有益健康，但對貓咪而言卻是有毒的，其中最具代表性的就屬「α硫辛酸」(Alpha-Lipoic Acid)了。

α硫辛酸的英文又名Thioctic acid，是一種天然的抗氧化物質(不是維生素，只能算是類維生素物質)，除了存在於牛、豬肝臟、心臟、腎臟內，菠菜、番茄、綠花椰等蔬菜同樣含有α-硫辛酸，人們也廣泛將其製造成保健食品，作為美容與減肥用，但α-硫辛酸對小動物帶來的效果會比人類更加強烈，尤其是貓咪對於該成分的感受程度據說是狗狗的10倍，所以飼主千萬不能以為「對愛貓健康有幫助」，就擅自餵食α-硫辛酸。

以貓咪來說，每kg體重攝入30㎎的α-硫辛酸就引起神經或肝臟損傷*。這也代表體重3kg的貓兒只要吃下單顆含量超過100㎎的α-硫辛酸保健食品，即便只吃1顆，也會造成危險。主要症狀包含了流口水、嘔吐、運動失調、顫抖、痙攣等。日本國內也曾發生貓咪攝入α-硫辛酸致死的案例。

*資料來源：A.S.Hill他(2004)：*Lipoic acid is 10 times more toxic in cats than reported in humans, dogs or rats*參考

受氣味吸引而主動食用

還有件讓人很頭痛的事，那就是貓咪似乎很喜歡α-硫辛酸保健食品的氣味，所以會主動去找來吃，還有可能因此大量攝入整袋的α-硫辛酸保健食品，所以務必謹慎存放在貓咪碰不到的地方，掉落地板時切勿久放，須立刻收拾乾淨。

香煙

Cigarettes

危險指數 ×× ×× ××

除了會引發尼古丁中毒，也可能增加致癌風險

貓咪誤食香煙將引發尼古丁中毒，不僅會出現嚴重嘔吐、抑鬱、心跳加快、血壓下降、痙攣、呼吸衰竭等症狀，最嚴重還可能致死。我們都知道吸二手菸是誘發人類罹患惡性腫瘤的危險因子，其實更有報告*指出，貓咪因此罹患鱗狀上皮細胞癌（Squamous Cell Carcinoma）與淋巴癌的風險也增加。一旦煙霧附著在貓咪身上，貓咪理毛時就會將香煙的成分舔入體內，所以會建議不要在有貓的房內抽煙。

＊資料來源：Elizabeth R.Bertone等(2002)：*Environmental tobacco smoke and risk of malignant lymphoma in pet cats*、同(2003)：*Environmental and lifestyle risk factors for oral squamous cell carcinoma in domestic cats*

也要避免貓咪誤食電子煙

接著要聊聊海外案例。美國動物毒物控制中心指出，除了尼古丁貼片與尼古丁口香糖，寵物誤食含有尼古丁的電子煙油，導致中毒的案例有增加趨勢。

日本目前尚未核准銷售含尼古丁之液體式香煙，較常見的是透過電子加熱器加熱煙草或其加工品之加熱煙。但日本毒物資訊中心的報告指出，2018年與電子煙相關的諮詢案件數就有1265件，超出傳統紙煙的件數。以誤食的部分來說，孩童最常發生從垃圾桶拿出用畢煙彈（Cartridge）的情況，大人的誤食意外中，有9成是不小心喝下浸泡了用畢煙彈的水或茶。雖然我們還無法對貓咪吸入二手煙的風險提出結論，但像這樣直接攝入仍有可能害貓咪尼古丁中毒。市面上也有不含尼古丁的電子煙，不過當中有些產品會使用對貓咪有害的「丙二醇（P130）」。

＊以上參考資料來源：APCC:Poisonous Household Products、公益財團法人日本毒物資訊中心2018年諮詢報告

老鼠藥

Rat Poison

危險指數 ●●●

內含抗凝血成分

（如日本「Dethmor」滅鼠藥）

其實住在都市也會遇到鼠輩橫行的問題，所以不少家庭會用老鼠藥來驅鼠。老鼠藥多半含有一種名為「殺鼠靈」(Warfarin)，具抗凝血作用的成分或類似成分，對貓咪和孩童都會造成危害。於是，本書利用這個機會，詢問了日本知名的「Dethmor」滅鼠藥製造商興家安速關於貓咪中毒的風險。

「『強力Dethmor』的主要成分是殺鼠靈。老鼠必須持續吃個幾天才會發揮效果，只要貓咪沒有連續攝入，原則上不會有問題。以老鼠做實驗時的口服急毒性（造成中毒的分量）為60㎎/kg，換算成產品的話則是120g/kg。『Dethmor Pro』的主要成分為『立滅鼠』(Difethialone)，作用和殺鼠靈一樣都能抗凝血，不過口服急毒性較殺鼠靈來得低，就算不連續攝入也看得見成效，所以在使用上要比主成分為殺鼠靈的『強力Dethmor』更加小心。但這都只是一般較常見的說法，過去也曾有獸醫師向我們諮詢，表示看診時遇過誤食少量卻引發重症的案例，因此無論如何還是要小心，勿讓貓咪誤食」(興家安速客服人員)。

如果貓咪吃掉攝入滅鼠劑的老鼠會怎樣？

「老鼠吃了『強力Dethmor』和『Dethmor Pro』死掉後，就算貓咪接著吃掉老鼠，基本上攝入量的口服急毒性會降下，所以不會有太大的二次影響」(興家安速客服人員)。

精油

Essential Oils

（取決於植物種類與濃度，但實際影響程度不明）

香氛機的精油煙霧會附著於毛髮上。對貓造成的風險會比狗更高

精油是指植物中所含的天然油分。香氛精油是透過蒸餾從植物萃取出香氣成分，一般認為精油對健康有益，能提振情緒或放鬆舒緩，所以被廣泛運用。但是有報告指出，萬一動物吃下肚，將會引發嘔吐・腹瀉、中樞神經系統症狀、痙攣，極少數的案例還曾出現肝功能障礙，不慎吸入氣味則有可能造成誤嚥性肺炎。貓咪是純肉食性動物，接觸植物時，肝臟無法發揮解毒功能，所以比人類甚至狗狗都要來得危險。

＊資料來源：APCC：*Trending Now Are Essential Oils Dangerous to Pets?* 參考

理毛時不慎吃下肚

香氛機能將精油釋放到空氣中，讓香氣四散，愈來愈受民眾青睞，卻也更加深對貓咪影響的疑慮。貓咪不只會透過呼吸道吸入精油，還有可能滲透進貓兒薄薄的皮膚，甚至是理毛時，攝入附著在毛上的精油，因此存在風險。

對貓咪有害的精油除了茶樹（P142）、尤加利（P94）等大家熟知的種類外，美國毒物控制中心更指出，檸檬香茅、薄荷、葡萄柚精油也「帶有毒性」。

雖然有流傳某些精油「貓咪只要聞了就會死」的訊息，但目前尚無足夠證據，證實什麼種類以及多少分量的精油會對貓咪造成危害。先姑且不論毒性，對嗅覺靈敏的貓咪來說，精油的香氣可能會帶來強烈刺激，使貓咪充滿壓力，進而引發身體不適，所以無論是哪款精油，都會建議不要在有貓咪的房內使用。

如果只是精油成分為1～20％的香水、洗髮乳，或是滴幾滴精油在水裡，當然不像經口攝入百分之百純精油那麼危險，所以最好的方式還是收妥這類用品，避免貓咪直接接觸。

茶樹精油

Tea Tree Oil

「絕對禁止」貓咪接觸的精油

危險指數 ××××××

茶樹是一種生長在澳洲亞熱帶地區的桃金孃科植物。萃取出的「茶樹精油」自古就被澳洲原住民（Aborigine）作為藥用，可用來皮膚殺菌消毒、香氛、除蟲等，運用範圍極廣。不過，澳洲茶樹行業協會（ATTIA）網站上有段警語，那就是「絕對禁止」用在貓身上。因為有報告指出，一旦茶樹成分附著在貓咪身體，就會造成過度換氣、運動失調，甚至致死*。茶樹有助除蚤、殺菌、抗發炎，所以日本可見含茶樹成分的狗用洗毛精，不過還是別用在貓咪身上。有些人為了防疫，會噴灑添加精油的噴霧，這時也要避免用在貓咪活動的空間裡。

* Nicola Bates (The Veterinary Nurse, 2018) : *Tea tree oil exposure in cats and dogs*

部分犬用驅蟲藥

百滅寧（Permethrin）

Some Anthelmintics for Dogs

含「百滅寧」的驅蟲藥會引起中毒

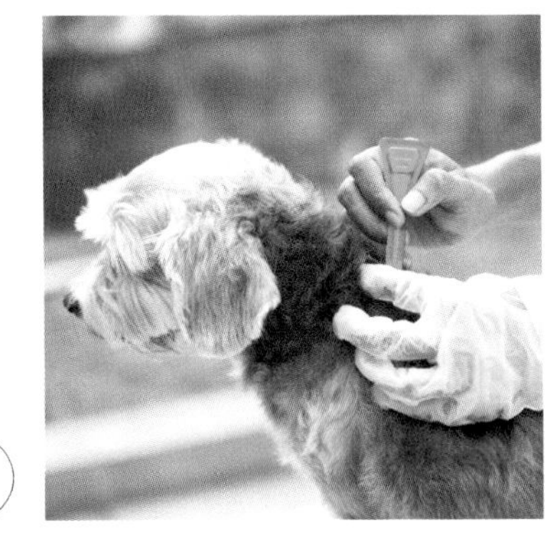

危險指數 ●●●

類除蟲菊素（Pyrethroid）這類殺蟲成分其實對哺乳類來說，基本上毒性非常低，不過其中的「百滅寧」卻會使貓咪出現重症。

最常見的情況是主人將含有高濃度百滅寧的犬用驅蟲藥給貓咪使用。澳洲曾對獸醫師進行調查*，發現2年內發生了750件貓咪的百滅寧中毒案例，其中166件結果為死亡。其實，部分日本也有販售的犬用驅蟲藥同樣內含百滅寧。有些治療狗狗疥癬蟲症的藥物或洗毛精亦含百滅寧，所以務必給愛貓使用貓咪專用不含百滅寧的產品。→含百滅寧的殺蟲劑請見P147

＊Richard Malik等(2017)：*Permethrin Spot-On Intoxication of Cats: Literature Review and Survey of Veterinary Practitioners in Australia*

含氯漂白水

（次氯酸鈉）

Chlorine-Based Bleaches

貓咪可能會

主動靠近

（依照濃度差異）

含氯漂白水的主要成分為鹼性「次氯酸鈉」。有些貓咪似乎很喜歡氯的氣味，所以會主動靠近。貓咪身體接觸到未稀釋的漂白水可能會引起皮膚炎，理毛時把漂白水吃下肚的話，還可能出現嘔吐・腹瀉、痙攣等現象。就算經過稀釋，濃度太濃或誤飲量太大時也很危險，如果貓咪會直接從水龍頭喝水，或是習慣跳上廚房流理台，就不要擺放漂白水浸泡液，以防貓咪誤飲。

如果是為了預防新冠肺炎，想以漂白水清理地板、貓籠及外出籠時，則可先將漂白水稀釋成適當濃度（次氯酸鈉建議濃度為0.05％），擦拭後確保完全變乾，就不用擔心對貓咪有害。如果還聞得到漂白水味，則可打開窗戶，讓屋內空氣流通。

殺菌、消毒劑

Sanitizers & Disinfectants

乙醇一定要等到完全乾掉，別讓貓咪誤舔

危險指數 ～

會使用殺菌、消毒劑的養貓人家須注意下述事項。

常見的產品與使用原則

- 含乙醇的噴霧或凝膠：貓咪體內無法分解乙醇，所以不可用來消毒貓咪的食器。人的皮膚如果沾附乙醇，切勿立刻讓貓咪舔，要稍待片刻，等乙醇完全揮發。
- 次氯酸水（與P144的次氯酸鈉不同）：主要成分為次氯酸，屬酸性溶液，常用來消毒寵物便盆或用品，稍微舔到不會有太大問題（但實際上要看各產品的添加物）。不過，就算是人類也不建議吸入濃度達消毒效果的次氯酸水*，所以使用過程中切勿沾到貓咪眼睛，或讓貓咪吸入氣味。

＊資料來源：厚生勞働省網站「新型冠狀病毒的消毒、殺菌方法」

家用殺蟲劑

（防蟲用品）

Household Insecticides & Insect Repellents

危險指數  ～

（危險指數依成分有所不同）

類除蟲菊素對哺乳類而言毒性較低

家用殺蟲劑含有許多成分，目前基於安全考量，對哺乳類而言毒性較低的「類除蟲菊素（是一種結構和功效類似天然除蟲菊花朵成分的化合物）」成了最常使用的殺蟲成分。針對殺蟲劑對貓咪的安全性與注意事項，本書詢問了生產銷售多款殺蟲劑產品的日本業者興家安速。

「類除蟲菊素會對蟲類的神經系統產生作用，達殺蟲效果。人類、貓狗等哺乳類動物體內帶有分解酵素，就算不小心攝入藥劑，也能透過汗水、尿液迅速排出體外。不過，為了讓使用過程更加安全，養貓的消費者請詳閱用法、用量及注意事項後再使用。另外，每個人或貓的體質不同，當下的身體狀況也不同，因此仍有可能對藥劑出現過敏反應」（興家安速客服人員）。

仍要注意「百滅寧」等其他成分

「百滅寧」雖然也是類除蟲菊素，但貓咪誤舔很可能會中毒（P143）。如果真的因為某些情況必須使用含百滅寧的殺蟲劑，敬請確實將貓咪隔開，以免誤食。

另外，「有機磷」、「胺甲酸酯」（carbamate）成分也可能引發緊急病症，其中包含了嘔吐、頻尿、痙攣、呼吸困難、昏睡，最糟還可能致死，所以出現急性症狀時，就要盡速送醫，請動物醫院協助處置。

— COLUMN —

家用殺蟲、防蟲劑注意事項

＊文中雖然提供了部分產品業者的回覆及注意事項，但每款產品的殺蟲、防蟲成分不一，因此內容僅供參考，各位務必遵守每款產品的正確使用方式。

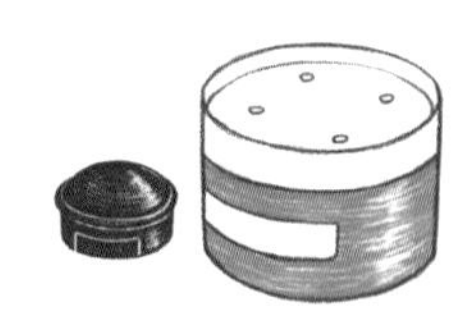

・煙霧式殺蟲劑

確實隔開貓咪，使用後要徹底通風、打掃後再讓貓咪入室（以日本產品「Varsan」為例）

煙霧式殺蟲劑是讓含有殺蟲成分的煙霧布滿整個房間，藉此將屋內的蟲害一網打盡。不過，當中有些產品內含「百滅寧」，此成分屬於類除蟲菊素，常用於除蟲滴劑，但經常可見貓咪因此中毒的案例。所以屋內要使用煙霧式殺蟲劑的話，一定要先讓貓咪待在室外完全隔開，避免貓咪誤食。使用前，也可以先想好一些因應方式，例如「找地方暫時安置貓咪」、「貓跳台和抓板也要確實覆蓋」、「如果是準備搬入的房子，則是在正式搬入前先施藥作業」。針對養貓家庭使用這類產品時該注意什麼，本書詢問了知名煙霧式殺蟲劑「Varsan」(多數產品是使用Phenothrin)製造業者LEC。

「施藥完畢後，要讓房內徹底通風再進入，這時可搭配吸塵器加以清理。貓咪可能會舔地板或牆壁，建議用抹布確實擦拭。貓咪也有可能吃掉害蟲（蟑螂等）屍體，所以施藥後會建議搭配清掃作業」(LEC客服人員)。

・自製蟑螂藥

硼酸＋洋蔥。對貓咪都有害

蟑螂藥其實在家就能輕鬆製作。不過要特別小心主要成分的硼酸。硼酸容易取得，各位或許會覺得安全沒有疑慮，但其實只要1～3g的硼酸就能讓成人中毒，經口致死量為15～20g*。假設每顆蟑螂藥重10～15g，內含50％硼酸（相當於5～7.5g的硼酸量），只要貓咪吃個半顆，就代表攝入了超過成人致死量6分之1的有毒成分，將對貓咪生命帶來危害。

另外，洋蔥是我們很常拿來引誘蟑螂的食材，卻也是容易造成貓咪中毒的代表性食物。洋蔥可能會造成貓咪貧血，最糟還會引發急性腎衰竭（P32）。自製蟑螂藥和市售蟑螂毒餌（下）比較不一樣的地方，在於有毒成分會直接暴露在外，所以要更謹慎挑選擺放位置。

＊參考資料：『伴侶動物が出会う中毒』（山根義久監修／チクサン出版社）

・蟑螂餌劑

蟑螂食用餌劑後殘留於體內的成分稀少

（以「小黑帽」蟑螂餌劑為例）

小黑帽等市售蟑螂餌劑採包覆式設計，只要外觀未被啃咬破壞，原則上不會出現大量誤食的情況，但貓咪還是有可能吃掉食用餌劑的蟑螂。

興家安速客服人員表示，蟑螂吃了「小黑帽」死掉後，「體內殘留的有效成分相當微量，基本上應該不會對貓咪造成影響」。

・噴罐式殺蟲劑

貓咪在房內時勿用

（以興家安速「アースジェット」、「ゴキジェットプロ」為例）

使用直接朝蟑螂、蚊子噴射的噴罐式殺蟲劑「アースジェット」、「ゴキジェットプロ」又該注意什麼呢？

「可能要看實際使用量，一般比較擔心貓咪吸入煤油溶劑（kerosene）。使用噴罐時藥劑會呈現霧狀，萬一貓咪吸入可能會造成影響，所以施藥時別讓貓咪同在室內。噴灑後，建議清理貓咪活動範圍的地面，以免附著在貓毛或皮膚上」（興家安速客服人員）。

・驅蚊產品

偶爾通風換氣，不要直接舔

（以興家安速「液體電蚊香」、「アース渦巻香」蚊香為例）

插電式、電池式「液體電蚊香」以及「アース渦巻香」蚊香這類使用時間較長的驅蚊產品說明書上寫道，用在密閉空間時，只要做到偶爾通風換氣，也能用於貓咪所處的房間內。那麼，貓咪不小心舔到的話怎麼辦？

「誤舔少量的話不會有什麼問題，這其實會取決於貓咪的體重，所以建議還是要避免貓咪誤舔或誤食」（興家安速客服人員）。

蚊香需要用火燒，使用過程中請放在貓咪不會直接接觸到的位置。

・防蟲劑

樟腦及萘的毒性都很強

防蟲劑其實和殺蟲劑一樣，也開始添加類除蟲菊素。不過防蟲劑還含有一些其他成分，使用下述成分的產品將可能使貓咪中毒。

防蟲劑的種類與症狀

- 樟腦：攝入數十分鐘後就會出現噁心、嘔吐、皮膚發紅、中樞神經衰竭、呼吸困難等症狀。
- 萘（naphthalene）：噁心、嘔吐、腹瀉等。嚴重時則會出現中樞神經衰竭、肝衰竭。攝入3天後則會出現蛋白尿、血紅素尿，伴隨急性腎衰竭。
- 對二氯苯（paradichlorobenzene）：消化器官衰竭、頭痛、暈眩。

＊參考資料：『伴侶動物が出会う中毒』（山根義久監修／チクサン出版社）

衣物用防蟲劑的大小及觸感很容易引來貓咪好奇，有可能在玩弄過程中吃下肚，所以必須放在貓咪不會碰觸到的位置。

・防蚊液

多半含有名為「敵避」（DEET）的有效成分

以直接噴在人體皮膚的防蚊液來說，「敵避」（DEET）是全世界最普遍使用的有效成分，日本使用至今已超過50年，能中斷蚊子、蜱蟲等多數害蟲的吸血行為*。

對此，本書針對防蚊噴霧產品「サラテクト」，詢問了製造業者興家安速，確認貓咪舔了噴過防蚊液的皮膚是否會造成問題。

「『サラテクト』的主要成分是「敵避」，只要正確使用，對寵物來說是安全的。就算寵物稍微舔到噴灑在手臂的サラテクト防蚊液，基本上也不會有問題。如果是要為寵物防蚊，敬請選擇成分更溫和的貓狗專用防蚊液」（興家安速客服人員）。

＊資料來源：興家安速網站

其他可能會造成貓咪中毒的居家用品

- 肥皂、洗髮精類、清潔劑・柔軟精、入浴劑（尤其是含精油成分的產品）
- 香水、口紅、護手乳、防曬乳、指甲油、去光水
- 蠟筆、顏料、麥克筆、修正液、鉛筆、墨水、接著劑、漿糊、印泥、墨汁、油性黏土、除膠液
- 體溫計的水銀
- 矽膠乾燥劑
- 水箱清洗劑、汽油、煤油
- 肥料、除草劑、蛞蝓・螞蟻驅除劑……等

誤食化學產品時的中毒風險，取決於每一產品的成分與占比、貓咪的攝入量、體重及體質，所以很難一概而論。不過，只要發現貓咪誤食後，行動及身體出現異樣，就必須立刻就醫。基本上要有「人吃了會出事的東西，貓咪吃了肯定也會有問題」的認知。

至於含香料的化學產品，就算沒出現中毒症狀，氣味本身還是會刺激嗅覺靈敏的貓咪，甚至帶來極大壓力。

— COLUMN —

不只有誤食跟中毒！

讓貓咪遠離室內潛藏的危險

●摔傷

「最近曾發生貓咪從比10樓高的高處摔落，結果不幸死亡的意外。大眾總認為貓咪從高處摔落應該不會有事，但事實上並非如此呢」（服部醫生）。

曾有傳聞指出，「貓咪在墜落過程中會扭轉身體讓速度降低並順利著地」、「比起從2～3樓這種不高不低的高度墜樓，貓咪從更高的地方摔落反而沒事」，這些現象在1980年代高樓建築不斷增加的紐約又稱作「貓咪跳樓症候群」（Feline high-rise syndrome），經調查*後發現有上述情況。不過，因為突然摔落受到驚嚇的貓咪不見得都能在半空中調整姿勢，此調查報告中也有提到，如果是從7樓以上的高度摔落，重症機率會增加。貓咪可能因此外傷、骨折、內臟損傷，所以不管樓數高低，都要想好避免貓咪從窗戶或陽台跑掉的方法。未滿1歲的小貓又是最容易摔傷的一群，隨著季節變暖，意外件數也會跟著增加。

即便是在室內，如果貓咪太專注於逗貓棒，或是和同居的其他貓咪吵架，也都有可能從高處失足摔落發生意外。

「有聽過微波爐門開著的時候，貓咪跳上來，結果整台微波爐砸落，爐門玻璃破碎割傷貓咪的意外」（服部醫生）。

* W.O.Whitney, C.J.Mehlhaff (1987) : *High-rise syndrome in cats*、D.Vnuk 他 (2004) : *Feline high-rise syndrome: 119 cases (1998-2001)*

●觸電

觸電時，電流會竄流體內並帶來傷害。貓咪可能會咬電線，導致舌頭或口腔黏膜局部性燙傷，最糟的情況還會傷及微血管，導致肺泡積水形成「肺水腫」，最終死亡。如果家中有幼貓或習慣啃咬物品的貓主子，就必須盡量把電線固定在地面或牆壁，也可以使用電線蓋板，減少電線裸露。

●燙傷

貓咪跳到剛料理完還很高溫的IH爐因此燙傷的意外報告數不斷增加。建議勿讓貓咪進廚房，或在使用後蓋上爐蓋。貓咪長時間睡在電熱地毯的話，皮膚也有可能因此低溫燙傷，這時就要特別留意對熱遲鈍且睡眠時間較長的高齡貓，或是「將溫度調到最低」、「在電熱地毯鋪上厚布」、「暫時關閉電源」。

●溺水

貓咪溺水的話，水會跑進氣管，導致氣管阻塞，出現呼吸困難。如果為了災害因應對策，要將泡澡水留在浴缸裡的話，除了要蓋上浴缸蓋板，還要關好浴室門，避免貓咪擅自闖入。

●夾傷、踏傷

貓腳、貓尾巴被門夾到或踩到時，可能會造成皮膚撕裂傷甚至骨折。

如果屋門會因為開窗時的強風或換氣風扇的排風關起，建議準備門擋，讓門維持微開狀態，避免夾傷貓咪。

索引

食物

＊P55也有彙整部分項目。

植物

＊P95也有彙整部分項目。

居家用品（誤食）

居家用品（中毒）

＊P153也有彙整部分項目。

參考文獻

The Feline patient,4th Edition(Gary D. Norsworthy/Blackwell Publishing, 2010)
Companion animal exposures to potentially poisonous substances reported to a national poison control center in the United States in 2005 through 2014(Alexandra L. Swirski, David L. Pearl, Olaf Berke, Terri L. O'Sullivan /JAVMA, Vol.257, 2020)
APCC (ASPCA Animal Poison Control Center):「*Toxic and Non-Toxic Plants List*」,「*ASPCA Announces Top 10 Toxins of 2019 to Kickoff National Poison Prevention Week*」(2020),「*Announcing: The Top 10 Pet Toxins!*」(2020),「*Most Common Causes of Toxin Seizures in Cats*」「*People Foods to Avoid Feeding Your Pets*」「*Ingredients & Toxicities of Cleaning Products*」,「*How to Spot Which Lilies are Dangerous to Cats & Plan Treatment*」(2015),「*How dangerous are winter and spring holiday plants to pets?*」(Petra A. Volmer),「*ASPCA Action winter 2006*」「*17 Plants Poisonous to Pets*」,「*Is That Houseplant Safe for Your Pets?*」(2019)

「犬、猫の誤飲:傾向と対策」島村麻子(アニコムホールディングス, 2012)
公益財団法人日本中毒情報センター 受信報告、情報提供資料
『動物看護の教科書 新訂版 第5巻』(緑書房, 2020)
『伴侶動物が出合う中毒 —毒のサイエンスと救急医療の実際』(山根義久監修/チクサン出版社, 2008)
『小動物の中毒学』(Gary D. Osweiler著、山内幸子訳、松原哲舟監修/New LLL Publisher, 2003)
『改訂3版動物看護のための小動物栄養学』(阿部又信/ファームプレス, 2008)
『改訂版 イヌ・ネコ家庭動物の医学大百科』(山根義久監修/パイ インターナショナル, 2012)
『犬と猫の栄養学』(奈良なぎさ/緑書房, 2016)
「日本食品標準成分表2015年版七訂」(文部科学省科学技術・学術審議会資源調査分科会)
「自然毒のリスクプロファイル」(厚生労働省)
『人もペットも気をつけたい園芸有毒植物図鑑』(土橋 豊/淡交社, 2015)
「園芸活動において注意すべき有毒植物について」(土橋 豊, 2014)
『続・楽しい植物観察入門』(大日本図書, 2015)
「家畜疾病図鑑Web」(農業・食品産業技術総合研究機構 動物衛生研究部門, 2016)
「みんなの趣味の園芸 育て方がわかる植物図鑑・花図鑑 (1345種)」(NHK)

PROFILE

服部幸

「東京貓咪醫療中心」（東京都江東區）院長。「貓科醫學會（JSFM）」CFC理事。自2005年起擔任貓科專門醫院院長一職，於2012年開設「東京貓咪醫療中心」。2013年榮獲由國際貓科醫學會頒發，亞洲第2所「貓友善醫院（Cat Friendly Clinic）」金牌獎。「東京貓咪醫療中心」2020年的貓咪看診件數超過1萬7000件。

TITLE

別讓你的粗心害了貓

STAFF

出版	瑞昇文化事業股份有限公司
監修	服部幸
譯者	蔡婷朱
總編輯	郭湘齡
責任編輯	張聿雯
美術編輯	許菩真
排版	洪伊珊
製版	明宏彩色照相製版有限公司
印刷	桂林彩色印刷股份有限公司
法律顧問	立勤國際法律事務所　黃沛聲律師
戶名	瑞昇文化事業股份有限公司
劃撥帳號	19598343
地址	新北市中和區景平路464巷2弄1-4號
電話	(02)2945-3191
傳真	(02)2945-3190
網址	www.rising-books.com.tw
Mail	deepblue@rising-books.com.tw
初版日期	2022年9月
定價	380元

ORIGINAL JAPANESE EDITION STAFF

編集・文	本木文恵
イラスト	霜田有沙
デザイン	山村裕一（cyklu）
校正	株式会社ぷれす
写真	服部 幸（症例写真）、Adobe Photostock、二宮さやか

國家圖書館出版品預行編目資料

別讓你的粗心害了貓：有害的食物、植物、用品圖鑑/服部幸監修；蔡婷朱譯.
-- 初版. -- 新北160面；12.8x18.8公分
ISBN 978-986-401-575-7(平裝)

1.CST: 貓 2.CST: 寵物飼養

437.364　　111012000